逃不掉
就面对

回避者
疗愈指南

TIRARSE A LA PISCINA

［以］安娜贝拉·沙克德 — 著
包蕾 — 译

青岛出版集团 | 青岛出版社

Tirarse a La Piscina

© 2019, 2024, Anabella Shaked

© 2024, Penguin Random House Grupo Editorial, S.A.U.

Travessera de Gràcia, 47-49. 08021 Barcelona

山东省版权局著作权合同登记号：图字15-2025-29

图书在版编目（CIP）数据

逃不掉就面对 /（以）安娜贝拉·沙克德著；包蕾译. -- 青岛：青岛出版社，2025. -- ISBN 978-7-5736-3253-1

Ⅰ. B821-49

中国国家版本馆CIP数据核字第20258BB716号

TAO BU DIAO JIU MIANDUI

书　　名	逃不掉就面对
著　　者	[以]安娜贝拉·沙克德
译　　者	包　蕾
出版发行	青岛出版社
社　　址	青岛市崂山区海尔路182号（266061）
本社网址	http://www.qdpub.com
邮购电话	0532-68068091
策划编辑	周鸿媛　王　宁
责任编辑	王玉格　刘百玉
特约编辑	陈梦迪
装帧设计	今亮後聲 HOPESOUND　2580590616@qq.com
制　　版	青岛千叶枫创意设计有限公司
印　　刷	青岛乐喜力科技发展有限公司
出版日期	2025年5月第1版　2025年5月第1次印刷
开　　本	32开（889毫米×1194毫米）
印　　张	9.5
字　　数	200千
书　　号	ISBN 978-7-5736-3253-1
定　　价	68.00元

编校印装质量、盗版监督服务电话：4006532017　0532-68068050

印刷厂服务电话：15376702107

序

人应该成为自己所能成为的人。
——亚伯拉罕·马斯洛

    无数人在一生中都远未发挥自己的潜能，也没能发掘出自己的多种可能性，没有实现爱情、家庭、事业、经济等方面的愿望。我希望借由本书，让大家认识"回避"这一行为，同时告诉大家，每个人都有能力做出选择，并利用自己的创造力改变现状。

    "回避"指在完成任务、解决问题、面对挑战或实现个人梦想和目标的过程中做出的部分或完全的逃避行为，以及随之而来的心理问题或其他症状。在本书中，我会向大家说明，回避的根源并不在于懒惰。回避其实是一种防御策略，旨在维护自己在充满竞争、信奉必胜的社会中的自尊。因为在回避者看来，只有满足他人、社会的极高期许，才能获得他人的赏识。

    每当竞争激烈时，许多人宁可选择逃避，也不愿面对失败。事后，这些人便可以对自己说："假如我真想和他人比试一下，我应该会胜出。"因此，在可能的失败和自尊心受伤面前，避免竞争是一种自保的手段，即便有可能因此付出其他代价，人们仍会选择回避。

本书将为深受回避行为或心理困扰的人群指明一条道路，帮助他们以积极的态度在世间生存并实现自我价值。我们将基于阿尔弗雷德·阿德勒的心理学理论及其后继者的研究成果，从回避的根源出发，探究它的各种表现以及战胜它的方法。另外，还有两位学者需要鸣谢：一位是鲁道夫·德雷克斯，我汲取了他的思想成果，其中包含从阿德勒提出的儿童教育体系中发展而来的成果；另一位是齐薇特·艾布拉姆森，我曾有幸在她门下学习多年，她深入研究了阿德勒的著作，并提出一套认知和治疗神经官能症的全新、完整的模型，本书对于"回避"概念的解读正是以这套模型为基础的。

阿尔弗雷德·阿德勒创立了个体心理学派，他强调人是一个不可分的生物有机体，提倡结合每个患者所在的社会环境来考察患者。他的理论涉及人类天性、精神疾病和机能障碍等，在当时极具革命性。阿德勒不仅创立了个体心理学派，还在人本主义疗法、认知行为疗法、图式疗法、叙事疗法、积极心理学等领域有一定建树。

阿德勒认为，人类是具有社会性和整体性的生物，人类的一举一动，都是为了获得归属感、价值感和他人的赏识。有时，这些举动也可能表现为回避，即逃避眼前的任务和挑战。阿德勒认为，这种回避行为是神经官能症的一种表现。

对于为避免失败而采取回避行为的人，阿德勒指出两条他们的错误思维：其一是他们总是拿自己和别人对比，并认为自己不如别人，也就是自己不够优秀、缺乏价值或一无是处；其二是他们认为必须做到完美无缺、出类拔萃，才能彰显自己的价值，也就是必须"高人一等"。

阿德勒认为，当一个人认为自己的价值不足时，会倾向于追求能够带来优越感的补偿性目标：要求自己在某方面成为第一、超出常人，甚至无懈可击。一旦他设立了这种目标，达成目标便成为他满足自尊心的条件。只要未达成目标，他便会感到自卑。这种人并非着眼于现实，而是以一个自己设立的不切实际的目标来衡量自身的价值。

阿德勒的理论对人类的天性进行了广泛而深刻的诠释，并基于此发展出心理治疗的方法和技术，用于治疗精神问题和神经官能症。阿德勒的治疗方法也是一套教育体系，其首要目标是预防精神疾病的恶化，推动社会平等（他认为这类精神疾病一般发生在有特定社会背景的人身上）。

鲁道夫·德雷克斯是现代实践派儿童心理学的奠基人。在本书的第三章，我将结合当今社会中父母在养育子女过程中可能遇到的挑战，详细阐述德雷克斯及其他学者在指导父母育儿方面的思想。德雷克斯培养了一支专业团队，在指导父母、心理治疗和技能培训方面有丰富的经验。鲁道夫·德雷克斯开创性地将阿德勒的精神分析法和个体心理学发展为一系列实践方法，直接影响了正面管教等方法的提出，具有深远的影响。

阿德勒在个体心理学中指出，人生是一场运动，这场运动朝着超越和掌控的目标迈进。对生存、繁衍和繁荣的渴望是人类的天性。为了达到上述目标，人类努力从消极状态过渡到积极状态，这是一个积少成多的过程。

但有时，对完美的渴望——这种天然的、不可或缺的渴望——则取代了上述天性。完美是一种无法实现的理想，因此现实和理想之间总是存在差距，即一个人的现实生活与其想要成为的人或想要实现的目标之间总是存在差距。不同的人面对内心渴望和实际所得的落差可能有不同感受：有的人认为可以通过努力来缩小这种差距，而有的人认为自己面对的是不可逾越的鸿沟。一个人有何种感受，将决定他会如何应对。

愿望和现实之间微小或适度的差距能激发人的动力，也就是行动的意愿，让人努力行动，以便缩小这个差距。人们往往会先设定目标，再规划如何一步步实现目标。这样，人们会通过自己的知识、阅历和经验逐步成长并打开内心世界，改善自己和自己的生活，以及周围的环境。

与此相反，如果这个差距过大，即人们设定了一个对于自己来说不切实际、不可能达成的目标，比如"完美"。此时，理想与现实之间的差距不再能激发动力，而只会让人感到挫败和沮丧。很多时候，设立不可能达到的目标会阻止一个人进步，导致这个人在家庭或工作中表现不佳，甚至出现拒绝工作和社交等情况。

任何人的一生中，总会有回避挑战，或是拖延面对挑战的时候。我们有一张长长的尚未完成的任务清单，却一直将其搁置一边；我们心怀各式各样的愿望和期待，但并不总是愿意为此付出行动。因此，我们经常会觉得自己天生懒惰、性格软弱、意志薄弱，或是没有时间观念。然而，这些借口都不是真正导致回避的原因。真实情况是，回避是一种维护自尊心的策略，也是保护我们免于失败的策略。

回避可分为多种类型：较轻的为在某一领域或某个特定时刻回避，比如推迟交付某份文件；较重的为几乎完全回避，即阿德勒所谓的"对生活任务的回避"，比如回避工作、友谊或爱情。回避在很多情况下是一种有效且合理的选择，比如避免一场战争、避开有害的关系或改掉坏习惯。有时，回避带来的好处（比如闲适）可以弥补它所造成的损失。然而，从长远来看，我们要付出高昂的代价换取回避所提供的庇护和宽慰。

我们为维护自尊心，保护自己免遭羞辱和拒绝，常忙得焦头烂额（大多时候还不自知）。我们不止一次通过远离一切威胁来保护自己：有时我们压抑了想要成为一个"更好的自己"的愿望，有时我们拒绝体验曾经渴望的某种感受，有时我们拖延重要的行动。这种"减法"保护（或者说看似保护）了我们，这样我们就不必承认自己的弱点和缺点，更不会将其暴露在他人面前。

然而，我们为了得到这种"保护"，需要付出很大的代价。我们与外界的互动会减少，在社会中的参与度和贡献度也会降低。这些缺失又会导致消极情绪：苦闷、无聊、失望、麻木、嫉妒、沮丧……最终，我们的自信心会遭受打击，自尊心被伤害，我们会产生挥霍青春、虚度光阴的感觉，即尼拉·凯菲尔定义的"精神生活遭遇的癌症"。

放弃采取我们认为没有把握成功的行动与人类渴望展示潜力的天性背道而驰。勇于面对挑战、跨越障碍，直到掌握某种能力或施展某种天赋的行动力是人类所需的。不过，这种行动力常见于孩童，他们会使出吃奶的力气向外界证明自己的能力。有谁见过垂头丧气的孩子呢？只有在特殊情况下，比如缺乏照料或患上某种疾病时，我们才有可能在孩子脸上看到这种表情。

当今社会崇尚"被重视"，许多人认为，只有与众不同、非同凡响的人或事才是好的，因此总是对人、对事抱有过高的期望。我们当中有不少人总是用不切实际的标准来衡量自己，并因此感到自卑。此外，在幼儿的教育阶段，"纵容"是一个普遍的问题。纵容等于给孩子虚假的承诺，好像人生中的一切都是美好且轻而易举就能得到的。这可能导致孩子长大后选择回避——回避自己设立的不切实际的目标。

我从事精神治疗多年，遇见过许多人，他们完全有能力面对日常生活任务，过上充实且有意义的生活，然而他们选择将回避作为维护自尊心的策略，最终陷入精神痛苦。

很多时候，对于选择回避的患者，我总感到自己帮不上忙，尤其是在他们拒绝放弃不切实际的愿望时。换句话说，我很难让他们接受自己不可能成为无与伦比的人这一事实。这使我得以更深入地研究回避的成因，寻找新的治疗方法，这本书便因此诞生。本书内容基于我的经验、学习和研究。

这本书为谁而写

为那些曾感到自己没有把握住机会的人，为那些曾在生命中某个重要时刻对自己说"这不是我想要的"的人，为那些曾对自己说"我希望而且我应该做点儿有用的事"却迟迟没有行动的人。此外，这本书也适合那些怀疑自身价值、很难做出决定并习惯拖延的人。

人的一生中总有回避的时候。问题不在于是否回避，而在于为何回避、回避多久，以及改变这种状况的意愿有多大。回避任务、挑战和梦想会对一个人的精神造成慢性伤害。回避会带来各种负面情绪，比如抑郁、沮丧、无聊、恐惧、愤怒、虚无等。因此，了解回避的成因可以教会我们审视自己的生命是否陷入停滞和自我贬损，帮助我们通过积极行动找到一条更好的生存之道。

正如我先前所述，回避是一种维护自尊心的策略。这种策略或许曾经奏效过，但随着岁月流逝，它所要我们付出的代价将与日俱增，最终达到令人无法承受的地步。假如我们不迈出行动的脚步，最终我们对自己的信心会越来越少，受到的精神折磨会越来越严重。

在应对有挑战性的任务时，逃避和拖延是回避者习惯性的选择。正因如此，本书试图唤醒回避者的意识，呼吁回避者采取行动，打败逃避和拖延这两种习惯。这个过程中，可能会引发部分读者的抵触情绪。因此，如果各位有放弃阅读本书的想法，请一定再坚持一下。为了转变态度并开始行动，希望大家能够放弃不切实际的期待，转而开始一步一个脚印、持之以恒地前进，直到达成可实现的目标。

放弃不切实际的期待是一件痛苦的事。大家也许会争辩、会愤怒，但请不要停止前进的脚步。我将尽力为大家提供必要的知识和工具，让大家过上虽然不一定光彩夺目，但可以令自己满意并有意义的生活。

我也考虑到了那些想了解如何培养孩子，让孩子变得勇敢、积极的父母。我将向这类读者提供育儿方面的信息和指导，告知他们在育儿时该做什么，不该做什么。注意，这些做法的成功率，一方面取决于孩子回避的程度和时长，另一方面取决于父母接受全新观念和行为方式的程度。

本书也适合精神治疗师，因为书中涉及帮助回避型人格障碍患者治疗的方法和工具，并且内容均以阿德勒的心理学、心理疗法为基础。

本书结构

在第一章中，我将依据阿德勒的个体心理学解释回避行为。在此，我将回避归结为一种为应对失败的恐惧而采取的策略，并将介绍回避的原因、方式及其文化、社会、教育和心理学背景。此外，我还将探讨回避与不可及目标之间的关系，以及回避与常见精神疾病之间的关系。最后，我将指出回避会让人付出哪些代价。

在第二章中,我将论述如何治疗回避并促使患者转向行动,回归有意义、充满满足感的生活。想要实现这一转变,我们需要认识回避,了解回避的代价、收益,并制定明确可行的计划,为达成目标提供参考。

在第三章中,我将对家长进行指导,教家长如何帮助幼童培养积极向上的品格,使孩子相信自己的能力,能承担成长过程中的风险,并以乐观的态度面对生活。最后,我将为家长提供一份指南,用以帮助孩子走出回避状态。

同其他指导类书籍一样,本书包含供大家思考的问题和具体案例。为保护患者隐私,所有患者的姓名均为化名。

真实的回避事件

"多年来我一直觉得到手的工资配不上我的努力以及我为公司做出的贡献。我知道自己值得拿到更高的工资,也决定申请加薪,可是每当我和上司一起开会,我都会胆怯,最终无法开口。另外,我也没有勇气找一份新工作。"(梅赛德斯,32岁)

"我属于那种聪明的女孩,我取得的成绩足以支撑我从事任何职业。我同时选择了三份工作,可第二个季度还没结束,我就全放弃了,我觉得它们都很没劲。"(艾斯特尔,27岁,从事多项兼职工作,需要父母接济)

"我想组建一个家庭,可是我找不到真爱。"(加夫列尔,

30岁，与父母同住，每一段恋爱关系都仅能维持几个月）

"我的父亲由于不注意养生，年纪轻轻就去世了。这让我明白自己需要定期体检。我应该这么做，等到我没那么忙的时候，我会做的。"（戴维，40岁）

练 习

列一张清单，写下所有你在逃避的事、想做的事、想成为的人。

目录

引言／005

1
回避：维护自尊心的策略

01 溯源失败恐惧症／005

02 回避的社会和文化根源／025

03 回避与不现实的目标之间的关系／052

04 造成回避的其他因素／076

05 回避的方式／097

06 回避的收益／109

07 回避的代价／119

2
回避与行动之间的桥梁

-

08 一场通往实现的运动／131

09 转换思维——突破旧有的错误逻辑／139

10 行为的转变：从回避到行动／163

3
献给父母的指南

-

11 现代社会中父母的挑战／181

12 可能造成回避的有害育儿行为／203

13 鼓励行动的积极育儿行为／228

14 孩子的幸福不由我们掌控／248

1

回避：
维护自尊心的
策略

01 溯源失败恐惧症　02 回避的社会和文化根源
03 回避与不现实的目标之间的关系　04 造成回避的其他因素
05 回避的方式　06 回避的收益
07 回避的代价

我会在这一章论述人们选择回避的过程。首先,我们将认识归属感和自尊心的重要性,以及当归属感和自尊心受到现实中的或想象中的威胁时,回避行为"扮演"了怎样的角色。

回避是一种选择,它深深根植于自卑。这种自卑从特定的社会和文化环境中发展而来,让人产生一种错觉,即人的价值并非独立且绝对的,而是取决于某些成就,并且人们对这些成就的评估也是随着时代的更迭而变化的。换句话说,在当今社会,人的价值时刻被外界衡量,一个人是否有价值,取决于在重要的检验或测试中获得的成绩,人基本不会无条件地感受到归属感和自我价值。因此,我们需要摆脱竞争理念,寻找另一种思维方式,不追求参与竞争、超越他人和赢得胜利,而是追求平等、合作和奉献。

同时,我们有必要明白自卑和过高的期待之间的关系:过高的期待是对自卑心理的补偿,但它又会放大自卑,因为一个人如果以不切实际的标准来衡量自己,就永远不会发现自己的长处。

另外，我们将认识导致回避的这些因素，正如艾布拉姆森在她的文章中所描述：从小成长在被纵容的环境中而不愿意或不会付出努力，对他人或社会的要求缺乏兴趣，找各种借口和理由为自己不承担社会责任而辩解。

有时，为回避找理由还会导致各种精神问题，比如抑郁或焦虑。因此我们还将了解回避的表现形式，比如拖延或犹豫。

最后，我将阐述选择回避所需付出的代价及其带来的收益，以便大家做出经过考量的选择。注意，当人们认为选择回避的收益大于所需付出的代价时，便很难重新积极面对生活中的挑战。

01 溯源失败恐惧症

一旦我们不再担心失败,自由便会与我们相伴。
——鲁道夫·德雷克斯

靠近和回避

所有生物,要么靠近,要么远离。我们渴望靠近适宜生存、能带来安全感和愉悦感的事物,同时尽力远离危险、痛苦,避免损失。假设一种生物必须在达成目标和避开危险之间做出选择,大多数情况下,这种生物不得不选择避开危险。比起获得奖励、欢乐和繁衍后代的机会,显然保命更加重要。

人类也符合上述情况,也需要在靠近和回避之间做出选择。但与其他动物不同的是,人类面对的情形通常更多样,并且大多数选择还没到生死攸关的地步。因此,在确保安全、有充足的食物、有伴侣并能繁衍后代的基础上,人类渴望实现更多目标,比如爱情、友谊、归属感、成就感、自主权、社会地位、成功、外界认可、精神追求、自我价值等。此外,与其他动物相比,人类可能失去的东西也更多。

动物在特定情况下可能要付出生命的代价,比如在争夺族群首领的位置时，或在捕猎者出没的地方觅食时。相比之下，人类所要付出的代价要小很多：或是情感的创伤，或是时间和金钱的损失。

这样看来，人类似乎永远是赢家，毕竟我们很少碰到危及生命的情况，但这个论断不完全正确。一个人失败后可能会感到羞愧，甚至觉得自己的生命一文不值。在这种情况下，"真想一死了之"之类的话语便冒了出来。哪怕没有遇到生命危险，不少人在经历失败后仍会质疑自己有没有活下去的必要。

失败和自尊心受损的关联

心理学家阿德勒认为，人人都希望成为社会的一分子。归属感意味着我们占有一席之地，确信外界需要、重视并爱护我们。因此，归属感是我们融入社会的通行证，为我们的存在赋予意义。对归属感的渴望是人类选择靠近或回避的原因。

很多人会拿"一无是处""一败涂地""蠢货""笨蛋"这类字眼来定义失败者，甚至用在自己身上。在经历失败后，我们可能会感到惭愧、羞耻、痛苦或恐惧。犯错后，我们通常会进行自我保护、自我辩解，甚至与外界隔绝或逃避现实。

大家不妨回忆一下自己最近犯错的情景，犯错时，你的第一反应是什么？是"好吧，我搞错了""真奇怪，我没料到结果会是这样""我那会儿怎么没注意这个"，还是"我真蠢，为什么不答复他""我真笨，竟然忽略了这个""我那时究竟在想什么"。

也就是说，在犯错时，你是产生共情、关爱的感受，还是感到难为情、惭愧或恐惧？那么，接下来你又是如何行动的？是很快发现问题出在哪儿，然后努力寻找解决办法，还是需要一段时间来重塑受伤的自尊心？

我们并非十全十美，因此错误和失败才会频频发生、难以避免。于是我们不禁要问：失败何以造成种种不幸和缺陷，让人丧失自信、倍感焦虑？这个问题的答案就在于我们大多数人对失败的理解：认为失败预示甚至证明了我们的渺小。假如失败意味着低人一等，我们就会自然而然地尽力避免失败，这样，我们"无用"的一面就不会暴露在自己和他人面前。

犯错是生活中很平常的一件事，所有人都会犯错，因此我们应视犯错为平常和意料之中的事。这样，即便我们犯了错，也能保持平静，振作精神，全身心投入到纠正和学习中。因为纠正和学习才是犯错后应当采取的正确策略。假如我们怀着好奇心看待眼前的失败，努力弄明白是哪儿出了问题，总结经验、纠正错误，尽可能补救，那该多好啊！换句话说，我们要是能够勇于承担责任并努力不再犯同样的错误就好了。

可是，为什么想要做到上述这样绝非易事呢？为什么我们犯错后会感到羞愧和恐惧呢？因为我们身处的社会习惯于依据失败或成功来衡量一个人的价值，而不是在具体情况下评估其行动质量。我们的教育系统评价学生的方式就是评分。学校给学生评分是为了什么？评分的初衷是借助一个简单的方式评估学生对教材的掌握程度，并借此改善教学方法。然而很久之前，评分就已经失去了这个作用，无论是学生、教师还是家长，都将其视为一种衡量学生学习能力和智力水平的方式。

一名学生回忆，四年级时，他的父亲去参加家长会，老师很失望地告诉他父亲，他的数学只得了50分。可他父亲面带微笑、一脸骄傲地望着他，丝毫不带开玩笑地说道："这么说的话，你已经掌握了教材一半的内容了。"对于这名学生来说，那一刻意味着一次巨大转变，他领会到学习是一个积累的过程，而他已经积累了一半。他清楚自己有价值，而且这份价值不取决于是否"成功"，它来自在困难面前继续努力、坚持、完善自我的心态。

不幸的是，这样的父亲并不多，这样的态度同绝大多数家长和教师对待成绩的态度也大不相同。大多数孩子会得到这样的反馈："你不够努力！"（孩子会认为自己偷懒了），"四年级数学怎么可能这么难？"（孩子会认为自己很笨）

在这个竞争激烈的社会中，几乎所有行为都以某种方式受到检验和评判。因此，只要失败，哪怕并不是毁灭性的失败，也可能让人感到羞辱和痛心。失落和悲伤可能是由拒绝、辞退、背叛、分离或疾病等因素引起的。而除了失落和悲伤，还有一种杀伤力更强的苦痛，即自尊心遭到重击。

38岁的奥尔加经历了多次治疗，在又一次尝试怀孕失败后，她告诉医生，令她最痛苦的是身为一名女性的失败。可是，既然她有这强烈的生育愿望，那么令她最痛苦的不应该是无法怀孕这件事吗？既然如此，她为什么会认为自己是失败的呢？后来，她终于成功怀孕，这让她感到无比骄傲。所有人都祝贺她，称她为"女斗士"，这令她感到自己受到了尊重。可是，成功怀孕怎么就能如此提升她的自尊呢？

我们已经习惯依据自己眼中的成功和失败来定义他人、定义自己，因此很难看清一个事实：对某种我们无法控制的现象或特性加以评判是极其荒谬的。上述例子表明，当我们把一个人的价值和能否做成某事相关联时，会产生怎样的戏剧性效果。这种关联会对我们的情感体验，对我们所做出的选择、决定和行动造成负面影响。

练 习

下回犯错时，请对自己说些鼓励和安慰的话语，原谅自己并非完美无缺，并总结：我从这件事中学到了什么？请记住，即便犯了错，我们个人的内在价值仍然不容置疑。

失败恐惧症的根源

几乎所有人在面对失败时都会产生恐惧。那么我们究竟是从哪儿学到这种反应的？

初学走路的幼儿一次又一次跌倒时,大人通常会说些鼓励和安慰的话:"没关系""再试一次""来吧,你可以的""爬起来",而且说话的语气和善。对于幼儿的这种"愚蠢"的表现,人们不会嘲笑、生气,也不会失望,更不会有人说:"看来你学不会用双腿走路,真是个十足的蠢货。"

然而,没过多久,当孩子长到两岁左右时,大人对于孩子跌倒的反应就会有所变化。当孩子跌倒后把东西弄坏或弄脏时,大人会生气。我们可能会对一个刚被绊倒的小女孩大喊:"我跟你说过不要跑!"再过几年,等孩子上了小学,我们会发现有些家长和老师这样评判一个孩子:"这个小姑娘不是学理科的料""这个小男孩协调性不好",或者"这孩子没有乐感"。这些评判就好比对一个初学走路的幼儿说:"你不太适合走路,还是继续爬行吧。"

经历无数次跌倒依旧反复尝试直到学会走路的幼儿,和对学业失去信心的五年级的小男孩,两者之间存在什么差别呢?差别在于五年级的小男孩已经内化了"失败"的含义。幼儿在尝试行走时拥有与生俱来的勇气,即便跌倒也会重新站起来。但到了两岁时,因为一直生活在大人对犯错、跌倒和失败的批评中,孩子与生俱来的勇气便慢慢消失了。

不知道大家注意过吗?当孩子第一次被大声训斥时,他们会不知所措、目瞪口呆。他们既惊讶又害怕,甚至觉得惭愧,同时也感到被冒犯,很生气。在这个时候,孩子的意识和心灵就会把失败和失去爱、归属感和尊严联系起来,即失败意味着没有价值、有缺陷。一旦建立这种联系，孩子在面对日常无法避免的失败时就会感到害怕，认为失败是一件可怕的事，应该避免。

是什么让一个孩子开始怀疑自己的价值，感到自己的地位岌岌可危？虽然父母对子女的爱是无条件的，但他们用话语、手势传递出清晰的信号，表明自己何时对子女的行为和选择满意，何时不满。孩子没有能力区分自己的某个行为或选择对自己本身的意义，也没办法理解即使父母很生气，也仍然会全心全意地爱自己这个道理。

父母会用微笑和拥抱来表达自己对子女的满意，还会当着他人的面称赞孩子，称自己的孩子做了一件了不起的事情。反之，父母表达不满时会紧锁眉头、抬高嗓音，不再用小名而是用全名称呼孩子，用蔑视的口吻批评、警告孩子，或用食指指向孩子。

我们对于他人不妥的举止表现出不愉快的反应是自然的，也是正确的。但重要的是，我们应该通过怎样的方式向子女传达这种不愉快，让子女明辨是非，知道什么该做，什么不该做，什么是被允许的、受欢迎的，什么是不被允许的、不受欢迎的。

有一次，我在电视上看到一则广告：一个小男孩去朋友家玩，突发奇想在朋友家的墙上画画，女主人看到后立刻火冒三丈。接着，小男孩的妈妈赶来，向女主人道歉并安抚孩子。妈妈生怕"天才少年"的创意和天赋被埋没，因此鼓励小男孩在画纸上继续创作。

这是理想世界中的父母，他们会快速跑向孩子，冷静地递给孩子一摞画纸，温柔地让他远离墙壁，用坚定而友好的语气对他说："我们只能在纸上创作。"等到孩子画完后，他们会对他说："画得真好！来，我们现在一起把墙壁擦干净吧。"

但现实世界并不完美，父母会对孩子大吼大叫，话音中夹杂着怒气和失望，甚至用不温柔的方式让孩子远离墙壁，将画笔从孩子手中夺走。假如孩子已经不是第一次做出这种行为，父母会觉得孩子是有意为之，反应会更强烈。

阿德勒认为，孩子通过无数次经历总结出了他们对世界、生命和自己的认知。其实，婴儿从出生那一刻起便开始构建对世界的认知，这也是阿德勒说的"人类知道的比他所理解的要多"的意思。孩子在幼年时期对外界的认知会变成一面透镜，他们通过它来观察自己，观察世界。

相比快乐的经历，童年时期痛苦和不愉快的经历对孩子的学习影响更大。

孩子会根据自己的经验和与家人之间的互动总结出主观性结论，长大后则把幼年时期形成的这种主观性结论当作普遍接受的客观真理，并以此作为生活的准绳。丹尼尔·卡尼曼在其著作中说，当一个人将自己的想法认作真理时，便倾向于关注和相信那些能够支撑其观点的言论。比如，一个小男孩认为父母偏爱他的妹妹，那么他会留意妹妹得到的所有东西，并以此断定父母偏爱她，但不会意识到，有时自己也得到了妹妹没有的东西。

情感的条件

归属感在人的幼年时期非常重要。因此，在孩子早期得出的经验中，最有意义的是"如何才能确保我的归属感"。换句话说就是"我需要满足怎样的条件，才能获得归属感，证明自己的价值"。

任何人在幼年时期都会为了让自己在世界上有容身之地而学习"做人"，即自己该做什么、不该做什么。从幼年得到的结论中，人们会知道只要满足了所需条件，就会获得归属感和他人的赏识。不过，每个人得出的"所需条件"有所不同，有的宽泛，有的局限；有的灵活，有的严格。

举个例子，如果一个小男孩成绩优异或学习努力，家长通常会表现出满意的态度。相反，如果他不专心学习或者成绩不好，家长会流露出不满的情绪。因此，这个小男孩会坚信他只有在学业上取得成功，才能得到表扬，确保自己在家长心中的地位，即他会得到"我是优等生，因此我很有价值"这类结论。这种结论普遍存在，也许对于某些孩子来说，"成为好学生"意味着"不能考砸"，但对于另一些孩子来说却意味着"成为第一"。

案例描述

莉莉，25岁。她感到极度焦虑，认为自己陷入各种无法摆脱的想法和行为当中。她服用过一些药物，症状有所缓解，但一段时间后又加重了。她最大的恐惧在于学业失败。我问她："学业失败是指什么？"她答："没有得到满分。"之后，她向我讲起一件童年时期发生的事：一年级时，老师给她的某项作业写了负面评语，并将评语交到她的父母手中，结果父母双方在没有商量的情况下，分别就此事批评了她，表示对她非常失望。

一般来说，某件事不会影响一个人的一生，但这件事却在莉莉的生命中定格，使她得出结论并为自己设立了获得归属感和尊重的准则——不能考砸，甚至不允许自己犯错。从那时起，她决心在学业上拼尽全力。

治疗之初，她不太乐意详述她为自己设定的目标。她想做的只有竭尽全力达成她的目标，她只希望我帮助她实现一个愿望：提供一些有助于考试和提高成绩的建议。她希望每当她学业"失败"或无法忍受焦虑的时候，能够来我这儿接受一系列治疗，缓解一下压力。经过几年治疗，她才愿意改变自己的立场：

个人的价值并非取决于分数,学习的目的也不是成绩出类拔萃,而是吸纳知识和技能,并与同学们共同享受学生时光。

艾布拉姆森认为,人们决定接受治疗的原因一般有两点:一是自己设立的目标没有达成,二是达成这些目标需要付出的代价过大。莉莉的情况同时包含了这两个原因。大部分时候,她得到了自己想要的分数;同时,她为了达到"优秀"所付出的代价太大,让她感到焦虑,鲜少觉得学习是一种乐趣,也很少为此感到开心。另外,由于没时间交朋友,她感到孤独,并因自己会突然暴怒而伤害家人感到羞愧。有时,她不要求自己保持完美,而是选择逃避。总之,她的自尊心严重受创。

逃之夭夭

动画片《辛普森一家》中有一集,讲述了小男孩巴特放学回家,向爸爸霍默展示自己的分数。爸爸看了一眼分数,表示理解:"好吧,你没及格。我们从中能得到什么教训呢?那就是绝不能再不及格!"

为了免遭失败的羞辱,人们会开启防御模式,采取极其谨慎的策略:把我们的活动限制在自认为没有失败风险的范围内。因此，有些人会失去重新尝试的勇气，避免迎接挑战，试图让自己感觉良好。

我不止一次听人说，缺乏行动是由于畏惧成功。很多人认为自己回避是因为畏惧成功，但这个结论比较牵强，可能仅仅是在某次成功带来负面结果时得出的。举个例子，心理学家艾维·梅德勒表示，有些女孩发现自己在理科上取得优异成绩会降低她们在男孩中的受欢迎程度，因此她们会"突然"在这些学科的考试中挂科。

除此之外，有些回避者还会设想，假如自己行动，那么一定能取得辉煌的成就。这种假想的成功有时会造成严重的问题：如果一个人在没有成功之前就赋予自己不应得的称赞，那么他会觉得必须维护自己的自尊心，不能失败，不能让自己的自尊心陷于危险境地。于是他会为自己设立防御机制，防范外界事物侵犯自己的自尊心，从而更加不再行动。

假设我们每个人、每时每刻都与一种叫作"自尊心检测仪"的东西"相连"，且"自尊心检测仪"始终处于开启状态。自尊心提升会为我们带来愉悦感，自尊心降低则会让我们感到不适。大家有没有自问过，自尊心是如何影响情绪的？

丹尼尔·卡尼曼写道，一个人拥有良好的情绪表明他认为自己所处的环境是安全的，反之则表明他面临某种威胁，不得不筑起防御的高墙。我们遇到的威胁通常是与我们的名望、社会地位或安全相关的。如果一个人把注意力集中在现实问题上，而不去过度关注自尊心，那么他的行动会更理智，也更有效，他不会为了维护自尊而放弃任务。

　　来看几个过度关注自尊心的例子：玛丽亚从不在课堂上提问，因为她担心同学们会认为她很笨；豪尔赫即便对学习内容了如指掌，也不会在课堂上举手回答老师的问题，因为他不能保证自己的答案完全正确，而当同学回答完问题，他总会嘟囔一句"这题我也会"；胡安娜决定不在舞会上跳舞，因为她确信自己会被其他人嘲笑；劳尔不去参加同学聚会，因为他害怕遇到在他看来比自己更成功的同学，贝拉也不参加这个同学聚会，因为她长胖了；里卡多这两天不出家门，因为他脸上长了颗痘；罗莎的假期过得很糟糕，但她上传到朋友圈的照片却令人羡慕。

　　以上这些行为，都有一个目的——维护自尊。

　　想要远离失败，就必须远离生活。似乎任何事情，甚至包括错失良机、拒绝体验人生，都要胜过让我们觉得自己不够好。我们都认为他人的回避行为荒唐无益，都会说"没必要不好意思啊""人无完人嘛，我们都有缺点"，但对于自己的回避行为，我们却会认为这是合情合理的。

> **练 习**
>
> 以几天或几个小时为单位，记录"自尊心值"。制作一张图，仿照心电图的式样，画出"自尊心值"的波动。之后，说一说每次"自尊心值"上升或下降时发生了什么，当时自己的想法和感觉如何，以及采取了什么行动或者做出了什么决定。这个练习可以帮助我们发现自己为了"感觉有价值"而设立的条件，以及自己受自尊心困扰的程度。最后，审视一下自己设立的这些条件是否合理，对自己的期待是否现实。

一次堪称成功的失败

生活由无数个当下的经历组成，也是积累教训、收集回忆的过程。因此，所有成功人士的一生也都充满着失败和失望。但只要采取行动，一个人便能积累经验、学习新知识、充实自我并有所收获，哪怕只取得了一个小成就，或者得到的并非符合初衷。

让我们来看看阿德勒的故事：阿德勒四岁时发现他的弟弟死在他们俩的床边；一年后，他得了肺炎，差点儿丢掉了性命。因此他决定长大后成为一名医生，这样就有能力与病魔斗争。

后来，阿德勒曾向一位朋友聊起他最初的愿望（成为医生)。"我失败了,"他说,"但在这个过程中我发现了个体心理学,我觉得失败是值得的。"也就是说,失败很有可能是取得重大成就途中的一个宝贵站点。

失败 ≠ 失去自尊

一个人的失败和自我价值、自尊之间没有必然的联系。只要我们不将它们挂钩,或者至少不那么看重它们之间的联系,失败就没有那么糟糕,它只不过是一次失败。失败是一次没有顺利完成的尝试,损失的只有精力和资源,简单来说,失败只是个遗憾。

没做好某件事并不意味着我们的自我价值降低,或是我们缺乏足够的知识和技能,或是我们选取的目标不符合我们现有的能力。如果没有成功,我们应该再次尝试,可以改变做事的方法。当然,失败有时也是一种迹象,暗示了某人对于达成某个特定目标并非最合适的人选,或者不具备充分的条件。在这种情况下,选择聚焦于另一个目标也是好的。

有一位同事曾对我说,有一天,她五岁的儿子从幼儿园兴高采烈地回家对她说:"今天我学会了'失败'用英文怎么说!""怎么说?"她好奇地问。儿子回答:"不错的尝试(Good try)!"此外,卡罗尔·德威克在演讲中提到,她曾听说,在芝加哥的一所小学,学生如果某门功课不过关,收到的评语是"尚未成功"。"尚未"一词传递了一种理念,即生活是一个过程,一切都有可能改变。我的一位患者曾在一家会计事务所工作，每当她的上司发现她提交的工作表有差错，她都感到羞愧难当。她绝望地对我说："最后大家都会发现我一点儿用都没有。"我回答她："这个'最后'的最坏可能只是你发现自己不是做这一行的料。"一旦我们不再把失败理解为自身价值的降低，那么我们只可能会感到失望和难过，但不会感到羞愧和焦虑。

上述情感之间有什么区别呢？失望和难过是面对痛苦时的自然情感流露，因为我们耗费了精力、时间和资源，却没有换来期待的成果。失望和难过当然不能让人愉悦，但没有羞愧和焦虑那么让人痛苦，因为我们不会把失望和难过同自身价值联系起来。只要我们断开失败和自尊之间的联系，我们将正视失败的真正含义：一次没有如愿以偿的尝试，一次不愉快但算不上可怕的经历。因此，我们可以把失败定义为一次大胆的尝试。丘吉尔曾说，成功是从失败到失败，却依旧热情不改。为了不失去这股热情，我们应该把犯错看作某种行动的后果，而不是我们自身价值的度量标准。犯错后，我们可以从中吸取教训，然后再次尝试。

重拾勇气

勇气是积极应对任务、问题和挑战时不可或缺的成分，因为当我们采取行动时，会将自己暴露在危险之中。失去勇气是我们选择回避的原因，因此重新积极行动需要我们重拾勇气。

失去多少勇气、何时失去勇气并不重要，因为勇气是可以恢复的。重拾勇气的途径不止一种：我们可以被鼓励（自我鼓励或收到来自他人的鼓励），还可以把注意力集中在我们为之奋斗的使命和我们所做出的贡献上。

阿德勒认为，人的每个举动都是为了达成一个目标。德雷克斯在此基础上加以补充，认为我们所有人归根到底都希望有所归属并获得赏识。我们希望自己被爱，想要知道有人爱我们，渴望成为有能力、受尊敬和有分量的人，想要感知到自己的存在是有价值的。我们所有的身心活动都是为了获得归属感，我们的所思所感和所作所为都是为了在这个世界上找到自己的位置。依据上述观点，回避者并非懒惰，而是选择了退缩，这便是为自尊和归属感建立防御机制的回避策略。

如果我们把回避解读为一种旨在获得归属感的策略，便不会批评和冒犯选择这条路的人，而是会理解他们。

如果一个人不自信，他就很可能选择回避，这至少比遭受羞辱要好。然而，社会的运行依靠的是成员间的合作，因此从社会角度来看，回避是一种有害的策略，但社会对于回避行为的反馈却不够有效。批评和拒绝不能帮助回避者重新承担起生活的责任，反而会适得其反。这类反馈只会削弱回避者的归属感，增强他们的自卑感，使得他们回避一切的愿望越来越强烈。

阿德勒认为，不应该用"有缺陷"或者"有问题"来评判一个回避者，而应该认为他在威胁面前退缩是可以理解的。

假如我们生活在一个失败并不意味着丧失价值的社会中，

社会成员无论在何种情况下都能感到自己的价值，那么想必大多数人会积极地贡献自己的力量。

阿奇·尤塔姆将勇气定义为能够提升自尊的一切事物。创造美好生活的根基是勇气，此外还有两个关键因素：积极和接纳。

积极是倾向于看到事物好的一面，发现其中美妙、有益、鼓舞人心和可能实现之处。积极不同于天真，因为积极的人不会对事物或情形中消极的一面加以否定、掩盖或佯装不知，而是有意识地选择将注意力集中在好的或有可能实现的地方。

接纳也同样重要，它与归属感有关。音乐家卡勒巴赫表示，每个孩子都需要一个信任他的大人给予必要的反馈，告诉他做什么是不好的，同时不让他觉得自己有问题。如果我们拥有这样的父母，应该感到幸运。在童年时，如果一个人身边有个鼓舞他的人，给予他关爱，让他感到自己有能力、很重要，那么他就能茁壮成长。这种感觉就好像为人生注射了一剂疫苗，让人能在各种不利情形下拥有更强大的承受力。

在童年后的各个人生阶段，我们会遇到新的鼓舞自己的人，他们可能是教练、老师、上司、朋友、伴侣，或者是治疗师。如果一个人现在生活的环境没有令他感到受尊重、有价值，那么我建议他寻求帮助。对于这样的人而言，有效的帮助可以提升他的自尊心和自信心。

找到能够鼓舞我们的人是很有必要的，同时最好与那些动辄挫伤我们自尊心和自信心的人保持距离，并学会以笃定、有效的方式回击那些带有批评性或斥责性的言论、举止。

我是在经常遭受父母和老师批评的环境中长大的。那个年代，人们觉得让一个人变得更好的最佳方式就是指出他做得不对的地方。但无休止的批评只会让孩子怀疑自己的价值和判断力，让他们产生疑问：自己是否足够好？父母是否爱自己？

我记得上三年级的时候，有一回，我哼起电视广告里的旋律，父亲斥责我："曲子记得熟，考试知识却记不住，你真够差劲！"我因此感到羞愧，觉得即便自己再好学，成绩再优异，在父亲眼里似乎也无关紧要。

补救批评带来的创伤的方法是鼓励。市面上，教人们通过正面肯定来进行自我接纳的书籍数不胜数，路易丝·海所著的书便是其中之一。她致力于帮助人们接纳和关爱原本的自己，尤其是通过使用肯定的话语。有很多人通过她的书了解到积极观念的重要性，我也从中受益良多。但我们仍要擦亮眼睛，区分"积极"和"过于积极"："积极"指以积极的态度看待自己，看到自己值得被尊重的一面，由此受到鼓舞并继续行动；而"过于积极"会让我们忘乎所以，高估自己的能力，甚至带来近乎妄想的自我认知。

自信心不仅可以通过他人的激励得到提升，还可以在实现目标的过程中得到提升。一个人在某个特定时刻会专注于自己手头的任务，而越是不在意外界的评价，便越有可能自由自在地成长，最终完成自己设定的目标，实现自我。这样的人能够不受拘束地决定自己将要成为怎样的人，决定将自己的时间和精力投入到什么事情之中。患失败恐惧症的根源在于害怕自我价值受损，总是自问"我能成功吗""别人会怎么想""我需要怎么做"；那些不担心自我价值受损的人则会问自己"有必要吗""合适吗""值得一试吗"。

布罗妮·韦尔在她所著的书中提到，时日无多的人往往会后悔自己一生都没有忠于自己。换句话说，用一生维护自尊的人，到头来会感到莫大的遗憾。

结　论

人生是一个不断追求自我掌控、自我成长和自我超越的过程。人类通过努力战胜困难来激发自身潜能，然而总有一个难以战胜的困难：对失去归属感和自尊的恐惧。担心失去自尊会让人失去斗志，从而丧失面对失败的勇气。失去勇气会使人过于谨慎，使人的活动范围受到限制，使人选择待在可以隐藏自身不足的舒适区内。因此，回避是一种维护自尊的策略。

失败和失去价值的联系在一个人的幼年时期便会逐渐形成，这是因为社会对犯错或失败会表现出消极反应，孩子会将这种反应理解为失去爱。当今社会习惯用评分系统衡量一个人的能力，而不是单纯地关注某人在特定时刻完成某件事的水平，因此加深了失败和失去价值之间的联系。

过度关注自身价值会分散精力，使人无法面对生活中的各项任务，只想不惜一切代价、始终如一地维护自尊心。振作精神、集中精力有助于重拾勇气，来挑战生活中的任务和目标。

02　回避的社会和文化根源

根据阿德勒的观点，仅谈论个体的精神问题是没有意义的。任何个体的精神状态都具有社会意义，每个人的生活经历和价值观都会受到过去成长和目前生活环境的影响。任何一个社会都会发展出一套包含艺术、价值观和道德准则等的世界观，这个社会中的成员会普遍接受它，并通过社会交往代代相传。比如在某些传统的部落社会中，有幻觉、幻听能力或能够与石头"沟通"的人不会被视作怪人，甚至可能因此获得更高的社会地位。部落中的人们普遍接受这种世界观，并认为这完全合理，这便叫作"常识"。

一切包括思想和情感的心理活动都受我们所在的文化环境的影响。事实上，我们所受到的影响远超我们愿意承认的程度，因为现代文化让我们相信，我们有权自由思考、自由选择、自由感受。

上一节讲到，在一个将失败视为过失的社会中，任何经历过失败的人都会或多或少感到自尊心受损。这种伤害的程度以及它导致的结果（克服还是放弃），不仅取决于失败本身，还取决于其他因素。

有些人很幸运，能够在这样的环境（将失败视为过失的社会）中正常成长、工作和学习，并理解到失败是一件理所当然的事，甚至是个人发展和知识积累的一部分，不意味着蒙受羞辱、精神痛苦或被社会排斥。这样的人在经历失败时，除了暂时感到失望之外，一般不会遭受精神创伤。相反，他们会觉得失败是对自身成长的激励。我女儿的幼儿园老师会友好地鼓励那些滑倒的孩子："不跌倒的孩子长不大。"孩子们便会自己站起来，拍一拍膝盖上的灰尘，继续玩耍。孩子们因跌倒而感到疼痛，但也收获了拥抱和亲吻。跌倒不是悲剧，而是个教训。等我们回头再看时，就会发现失败不仅锻炼了我们的心智，使我们更强大，帮助我们成长，同时还塑造了一个更好的我们。当一扇门关闭后，总有另一扇门为我们打开。

在这种充满鼓励的环境中成长、学习和工作，人们会逐步摆脱过分谨慎的行事风格，不再害怕出错，从而自由发挥自己的潜力、天赋、知识和经验，并将其融入学习、工作和具有创造性的活动中。迪士尼在拍摄《白雪公主和七个小矮人》时盛行的工作室文化就是一个环境影响个体的例子。《白雪公主和七个小矮人》被认为是迄今为止电影史上最前卫的作品之一。它是首部动画长片，也是一部让观众既捧腹大笑又感动得泪流满面的动画片。在迪士尼的纪录片中，一名画手表达了自己的观点，透露了迪士尼成功的秘诀："华特·迪士尼创造了一种即使犯了错也不用害怕被解雇的工作室文化。"

迪士尼为艺术家创造了独一无二的工作环境，鼓励创作，但这也仅仅是艺术创作者享有的特权，其余工种的员工依旧受到限制和压榨：薪酬最高的创造性岗位只能由男性担任，女性只能在技术性岗位上工作。由此看来，即便是华特·迪士尼这种鼓励创新的人，仍旧会囿于自己的社会偏见，而这种社会偏见会导致自卑。一个人在与社会价值观的冲突中产生的自卑感，便是他选择回避的根源。因此，我们可以区分"正常劣势"和"社会劣势"了，前者源于真实存在的问题，而后者则源于错误的社会观念。自卑也是阿德勒理论中的核心概念之一。

正常劣势

刚出生的婴儿往往很无助，因为他们完全依赖父母或其他监护人的呵护和养育。阿德勒称这种绝对劣势为"正常劣势"，即每个人在成长过程中都会经历的某种程度的劣势。正常劣势不会让人感到羞愧或焦虑，反而会成为动力，激发其开发自身才智。

幼童愿意面对并努力战胜挑战。他们充满好奇心，积极向上且精力充沛。从会说话起，他们就不知疲倦地重复"我一个人来""我可以""我已经长大了"。每战胜一个困难或者学会一项本领，他们都会有成就感，为此感到无比骄傲和快乐。他们在动手动脑的过程中不断探索自己到底具备多少力量和潜能，并体验到成功的乐趣。只要他们没有将失败和失去父母或其他重要的人的关爱和尊重联系起来，即使不成功也不会泄气。只要他们认为绊倒并不意味着受到伤害，那么他们不仅会很乐意，还会充满干劲地再次尝试。

成年人也会遇到这种正常劣势。比如在解决一个问题或者实现一个目标时，我们会发现自己心有余而力不足。承认自己不擅长完成某个任务或者克服某个困难可能会让人感到无力，尽管这种感觉不怎么令人舒适，但一般不会挫伤我们的勇气。我们明白学习相关知识、接受必要训练有助于更好地应对困难和挑战，从而增强我们的心智，为我们注入能量。

此外，正常劣势让我们明白，在成长和进步的道路上，我们并非独行者。我们可以接触全人类世世代代积累的知识，还可以寻求他人的帮助。个体通过交流与合作可以发挥自身潜能。

无法克服的正常劣势可能由身体残疾或能力限制等因素导致。在这类情况下，人们可能产生羞愧感和无助感。如果这种心理不存在，人们就会努力超越自我，充分利用现有的事物，接受无法改变的事实。

除了上述情况，还有一种情况也属于正常劣势，即个体相对于宇宙的形而上的自卑感。与某些事物（比如大自然、银河系）相比，人类个体极其渺小。我们每个人，甚至全人类，只是永恒时间长河里的一批匆匆过客。

同由残疾或能力限制造成的正常劣势一样，这种由形而上的事物造成的劣势也会让人感到自己一无是处。但这种情感也是健康的，因为我们能够理解自己在宇宙中的渺小地位，我们承认并接受自身的局限。

社会劣势

除上述正常劣势,许多人还会产生一种完全不同的劣势感,即阿德勒以"反常"来形容的社会劣势。

人类是社会性动物。社会由个体组成,个体依据社会所需进行协作,以保护自身性命、安全和群体的繁荣。在每个历史时期,每个社会均确立了各自的评价标准,并根据其评价标准为个体划分不同的社会地位,授予不同的荣誉和物质奖励。

在需要挣扎求生的年代,社会成员的价值是以狩猎、搏斗、治疗伤病和生火的能力来衡量的。艾布拉姆森在其作品中写道,当今社会,人们习惯于根据成就衡量和判定一个人的价值。所谓的成就尤其体现在外貌吸引力、财富数量和名望上。因此,那些无法拥有这类"资产"的人也许会认为自己的价值比不上"成功人士"。

与正常劣势不同,社会劣势会让我们感到痛苦,让我们深深怀疑自己作为人的价值。它也许能激发我们取胜和超越他人的野心,但它更会促使我们逃避没有胜算的对决。社会劣势会让人觉得自己不够好、自我价值比别人低。社会劣势不是天然形成的,只存在于具有利己主义和胜利主义偏见的社会中。在这样的社会中,人们通过比较来评估一个人的价值。

"多数人的见解"并不能反映客观事实,不应被当作绝对真理。换句话说,大多数人通常会把"多数人的见解"当作真理,因为这是他们在当下社会中接受的教育。直到有一天,新思潮涌现,旧思想才会突然显得不合时宜,甚至很荒谬。

攀升和坠落

莉迪亚·西赫尔是一名医生和心理学家,也是阿德勒的同事。她运用"垂直轴"描绘了当今的主流世界观。通过垂直轴描绘的景象,我们认识到社会是由多层结构组成的,不同层对应着不同的社会期望。人们需要尽可能地向上攀登,以求获得应有的荣誉、名声、影响力及其他种种好处。在我们常听到的类似于"上层阶级""身居高位的少数""他到达了顶峰""他跌入了深渊"等说法中,都蕴藏着"垂直轴"的概念。

与"垂直轴"概念相反,西赫尔又用"水平轴"来描绘阿德勒设想的社会的世界观:在一望无垠的土地上,每个人都专注于自己要走的路和为自己设定的目标,并为此努力前进。一个人要做的不是攀登,而是前进,并在此过程中钻研、体验、学习,完善自我。如果一个人犯了错或者停滞不前,他不会跌倒,也不会从高处坠落。在这样的社会里,与他人比较是没有意义的,我们需要通过对比自身的期待和目标来评估自己的价值。

西赫尔解释:不少人认为人类天生将自我完善视为一种竞争,手段就是向上攀登,直到超越他人,这是对阿德勒观点的误解。人类对完美、超越障碍和掌控局势的渴望是与生俱来的,无须靠竞争来激发动力。通过合作,人类能更快速、更有效地取得成就。换句话说,阿德勒想要区分两个概念:一个是以获得优越地位为目的的虚假的努力，另一个是为充分发挥潜力和面对现实世界的挑战而做出的真正的努力。

艾布拉姆森在其著作中进一步解释了西赫尔提出的垂直轴概念，更形象地诠释了"垂直视角"下世界的样子：世界是一个可供攀爬的阶梯，人类必须向上爬，攀爬的高度反映了一个人的价值。同时，艾布拉姆森描述了两种类型的"垂直派"：一类人努力攀登到最高一级，他们是野心家和领导者；另一类人因不愿承担无法到达顶端的风险而选择放弃，他们是回避者。

在垂直视角中，付出努力是一桩以超越他人并保持这种优越感为目的的个人事业，它会造成人与人之间的竞争、猜疑，人们试图维护自尊，虽渴望胜利，却害怕失败。人们羡慕、嫉妒甚至仇恨爬得更高的人，而对于不如自己爬得高的人，人们一方面瞧不起，另一方面又害怕这些人向上爬，取代自己的位置。因此，身居高位的人把大部分精力都用在了制衡其潜在的竞争者上。在垂直视角中，没有人会感到安宁。

幸好，我们还有另一种选择——生活在水平视角的世界中。艾布拉姆森认为，在这个世界中，人们各有不同，但都各具价值，且人人平等。在这个世界中，个人为了实现自我而付出努力，朝着自己设定的目标迈进。这个世界的特点是人们共同努力、互相信任、自尊平等。"水平派"主张欣赏那些取得卓越成就的人，理解并支持那些仍在奋斗的人。

虽然评估一个人的社会价值的标准并非实际存在，但它却深深印刻在每个人的经历和精神世界中，成为物质和精神以外的第三现实——社会现实。这是一件源于传统观念,多数人对这些观念接受、赞同、维护并视其为显而易见、确凿无疑的事实。地位高的团体和个人有能力强力灌输"他们这类人处于顶端"的思想,也就是说,某些社会团体能够通过控制社会权力的各个节点,如媒体、广告和教育机构,影响文化和公共议程。当然,从政治制度方面来看,他们还可以通过颁布法律条令使这些观念更加"深入人心"。一般来说,那些创造和维护等级概念的人会高喊着基本价值观和科学证据的口号,奋力维护垂直视角。

播种竞争者必将收获嫉妒和仇恨

在"垂直世界"中,为了取得"社会成就",人们需要攀爬各种各样的"阶梯",然而这些"阶梯"也只是某些社会陈规,它们会随着社会发展而改变。正如艾布拉姆森所说,每个人都与踏上相同阶梯的人做比较,眼里的竞争对手也只有这些人。举个例子,选择考大学的人不会与想要当运动员的人相比,因此他们不会嫉妒奥运冠军,甚至会为他们的成就感到高兴。这说明我们更容易对在我们的领域之外取得成就的人产生好感,因为他们不会威胁我们的地位。

许多人坚信获得成就和达到完美只能通过竞争来实现,因为竞争会激发出动力,并促使人战胜对手。他们生怕缺少了竞争,自己和整个人类都会陷入平庸。然而,根据阿德勒的观点,竞争和追求成功之间没有必然的联系。努力追求自我实现和自我完善是人类固有的天性，而非来自竞争。

因此，阿德勒强调的不是竞争，而是对自我超越的渴望。他认为人生不是从低处向高处的上升运动，而是一种由消极转向积极的运动。我们的抱负体现在对不断提升自身能力的渴望中，不为超越他人，而是为克服困难，阻碍这种渴望的则是对失去归属感和尊重的恐惧。因此，一个人只有在允许犯错且不会失去他人尊重和工作岗位的环境中，才会追求完善自我，并把事情做到极致。在充满合作精神与鼓舞的氛围里，人们便会感到安全、乐观、充满勇气。

阿德勒认为，竞争对社会造成的弊大于利。竞争必然会产生赢家和输家。纵使赢家对自己取得的成功和地位沾沾自喜，也会发现自己获得的尊重只是来自这场胜利，而且还受到很多制约。因此，他不但要努力提升自己的地位，还要借助批评和蔑视来挫伤他人的勇气。

父母经常会鼓励子女之间一较高下，比如催促他们时会说"谁第一个跑到门口"，批评时会说"你怎么不能像姐姐那样有条理"，称赞时会说"你真是个好学生，不像你弟弟"，诸如此类。这类比较的言论会激发孩子的好胜心，但从长远来看，会对孩子的性格和孩子们之间的关系造成不良影响。

这样一来，孩子在生活中会习惯性地寻找竞争对手，甚至是与人为敌，而非与人合作。通常，他找到的对手是他的兄弟姐妹，挫败感也来自他的兄弟姐妹，因此，很多人会在亲人面前感到自卑。我们经常会听到某个聪明的孩子说自己不聪明，只是因为他的姐姐很厉害；或是某个事业成功的女孩认为自己一败涂地，仅仅是因为她有个腰缠万贯的哥哥。

经常为子女灌输竞争观念的父母只会使子女之间产生嫉妒和仇恨，而那些希望子女能和睦相处的家长会想方设法减少子女之间的竞争。

练 习

找一个对你来说很有必要取得胜利或有所成就的领域，想一想：在这个领域中，你还有哪些对手？你如何看待他们？什么令你感到满意？什么令你感到恐惧？

再找一个你乐意参与且无须与任何人论输赢的领域，想一想：在这个领域中有哪些参与者？你是怎样看待他们的？什么令你感到满意？什么令你感到恐惧？

比较上述两种情况下你的感受和想法，你从中学到了什么？假如将"垂直志向"转变成"水平志向"，你的心态会发生什么变化？

不切实际的成功标准

我们所处的文化背景告诉我们，失败意味着失去尊重，而成功则能获得尊重，它还告诉我们什么是可接受的、可欣赏的，以及那些被认为达到了有价值的目标的人会被奖赏。如今，我们生活在一个追求财富、享乐的时代，却忽略了品德和贡献的重要性。我们的文化背景迫使我们接受不切实际的成功标准，更糟糕的是，这些标准并不符合人类的天性。

社会为我们设定了无法实现的成功标准。举个例子，理想的男性需要拥有一份收入可观的工作，还要准时下班回家；作为父亲，他必须参与家庭事务，但不能一切都由他说了算；作为丈夫，他要热情似火，还要体贴入微、温文尔雅；他的身材必须出众，但又不能过分热衷于体育锻炼而耽误其他工作。同样，理想的女性必须欣然兼顾家庭和工作，她不仅要健美和性感，还得体面且勤劳。

我们在这种标准面前有两种选择：一种是神经紧绷，努力达到这个标准，使自己"有价值"；另一种是愁眉苦脸，放弃成功的念头，转而为自己无法成功找借口。我们一直认为，有价值的事情应该与众不同、完美甚至卓越，但这种标准与现实脱节，更违背了一个事实：人天生就是不完美的。

人们很难直接接受"水平轴"观念，哪怕这就是社会的本来面貌。"水平轴"观念告诉我们，我们应该尽所能做到最好，同时接受自己的不好，甚至可以为了某些原因放弃某些目标。

在"水平世界"中,放弃有时也是积极的,但在"垂直世界"中,放弃被视为失败。

倘若任何达不到完美的事物都意味着没有价值,那么一个人就很容易觉得自己不够好,一切普通、平常的事物都将被打上"平淡无奇""无关紧要"的标签。举个例子,你告诉朋友自己读了一本书,对方问书怎么样。如果你回答"有意思""心灵鸡汤"或者"还行"的话,想必你们的对话会到此为止,你的朋友也许不会向你借阅。如果你想告诉他这本书很有价值,应该回答"很棒",这样才能激发对方的兴趣。

一个人在幼年时便内化了"只有很棒才有价值"的观念。如今的小朋友不是"小公主"就是"小王子",我们经常对一个提出新鲜想法的小男孩说"你是个天才",对一个作文写得妙趣横生的小女孩说"你是大作家",对一个膝盖受了伤却能忍痛的孩子说"你是个英雄"……当千千万万个这样的孩子长大成人后,他们发现自己并不突出,便会感到失望,并打消取得"普通成就"的想法。

雪莉·拉姆·阿米特在她的文章中收集了217个过去人们用来形容一件事或一次经历的词,比如"宽慰""有益""鼓舞人心""积极""丰富""多样""振奋人心""清爽",而这些年,这些词都被一个词取代——"棒"。丰富的语言不仅可以充实生活,也可以反映出生活是充实的。假如一切都很"棒",那么我们如何知道哪样事物的确超乎寻常呢?

错误的价值观和社会劣势

正如上文所述,现在成功变成了社会成员获得尊重的条件。因此,我们大多数人都在努力达到所谓的成功标准,却不问问自己:我们所做的事真的是我们向往的吗?生活对我们的要求真的是我们想要追求的吗?

在现实生活中,人们有高有矮、有胖有瘦,然而报纸、电视等媒体中宣传的女性的标准体重几乎都低于现实的平均值,而颜值则要高于现实的平均值。

如果将普通女性和报纸、电视、广告中的女主角相比,大多数人会产生自卑感,觉得自己不够美,不够苗条,不够女性化,不够有魅力和价值。女性眼中的自己与社会文化标准下的理想美之间的差距,是众多女性痛苦的来源。因此,她们甘愿拿健康冒险,不惜在容貌和身材上投入大量时间和金钱。

每当有人由衷地赞叹"真好啊,你瘦了这么多",就表明这个人已经内化并全盘接受了错误的价值观,把"瘦""美"与"有价值"联系在了一起。"你瘦了,你看上去太棒了"的背后隐含着"我们在乎你的外表,并通过你的外表来评价你"这层含义。那么,假如我们把"你看上去太棒了"调整成"见到你太棒了",会有怎样的影响?

有一个豪华轿车品牌,它的广告词是"你呼吸不代表你活着"。这句话向人们传递了明确的信息:买下这辆车吧(当然了,它很贵),然后告诉全世界你买得起它,只有这样才能证明你自己和你的生活是有价值的。也就是说，为了感到"真正活着"，你必须马不停蹄地消费。

消费可以在很大程度上带给我们快乐，因为它打破了我们常规、单调的日常生活，装点了生活，为我们带来视觉、味觉和嗅觉上的享受。但我不得不说，这种价值观是不正确的。在积极心理学理论框架下进行的无数次研究表明，持续寻求各种愉悦的体验并不能大幅提升幸福感，其原因有两个。

第一个原因是"享乐适应"。人们似乎很容易对愉悦和新鲜的事物习以为常，然后他们会寻找更愉悦、更新鲜的体验，但没过多久又会习惯。比如，常在一家不错的餐馆吃饭已经提不起我们的兴致，因此我们要去更好的餐厅；住普通酒店已经不能满足我们的需求，因此我们要住精品酒店；单纯的境外游还不够，我们要前往更具异域风情的地方。渐渐地，那些经济能力无法满足这些特殊享受的人最终会觉得自己没有"真正活着"，就像豪华轿车的广告词那样。

第二个原因是满足的短暂性。愉悦、满足的体验在很大程度上是转瞬即逝的。有时，一家豪华餐厅里的一道菜给我们带来的享受持续不了几分钟，过不了多久，我们也许就会问："这道名字浮夸的菜真的值这个价格吗？"

因此，要想从愉悦的体验中获得相对长久的满足感，需要符合两个条件：第一，这是我们赢得的东西，比如额外的休假时间，或是某次成功尝试后的奖励；第二，这些体验不会变成我们追求的人生目标，也就是说，我们意识到我们不会一直这样生活。否则，我们很有可能把一切普通的事等同于不尽如人意的事。

自然而然的选择：胜利或回避

社会为我们设定的成功标准要求我们时刻维护自尊。为了确保每个人都能遵守规则，社会对我们施加了巨大的压力，借由我们的父母、老师和媒体等传递了这样的信息：我们只会接受、认可、重视、赞赏、关爱和奖赏那些符合我们要求和期待的人。人需要得到赞同、关爱和重视，因此我们很难和这些规则作对。

因此，有把握取得成就的人就会竭尽全力地完成目标，最终成为胜利者；没有胜算的人宁可选择放弃努力，成为回避者。但是，其实还有第三种可能：重新制定规则。

能挣脱社会错误价值观的人，才可能成为真正的赢家。人们常常将那些与社会准则唱反调的人视作古怪、狂妄、脱离现实的人，认为他们毫无价值。然而，他们换来的是自由。凡是不被社会规则束缚的人，都会为自己开辟出新的道路，自行决定什么对自己来说是重要的、有效的。

同时，如果这些"叛逆者"具有高度的社会意识，他们不仅会争取个人自由，还可能推动社会进步，为群体争取自由。正是因为有了他们，社会对形形色色的人的接受度和容忍度才会不断提高，社会才能容纳更多的声音。

我们大多数人都接受大众文化，并试图根据童年时期内化的社会规则来定义成功。不仅如此，我们大多数人还是大众文化的传播者。我们不仅规规矩矩地遵守着大众文化，还化身为它的宣传员、大使和推销员，守护着它，宣传着它。

承认我们毫无疑义地将大众文化全盘接收可能会让我们感到不快，因为我们希望自己是有意识的自由个体，有能力判断对错。可这就是事实。只有当我们意识到大众文化给予我们的并非真理，而是符合特定社会阶层的利益和想法时，我们才能获得真正的自由。我们思考和信仰的根基是从我们所处的文化中汲取的。因此，认识我们所处文化的本质，可以让我们对社会陈规有自己的判断，拒绝那些无法令我们信服的规则，而非全盘接受。

正确的价值观

阿德勒教导我们，想要获得幸福的生活，需要积极应对生活中的任务，从而获得关爱和意义。合作和奉献让社会繁荣发展。友谊和爱情要求我们给予他人持续且深入的关注。为生命创造意义意味着我们了解自己的喜好、愿望和能力，并为实现远大目标做出长期努力。一个人想要实现自我，应该先去发现什么是自己喜爱的，什么是对自己重要的，再依此设定目标。

一个人只要对某项事物特别着迷，并且知道自己应该为哪些群体付出努力，他就会感觉自己找到了生活目标。为了实现这个目标，他不仅要发挥潜能，学习新技能，还要发挥创造力，确保自己的劳动成果对他人有益。因此我们可以看出，真正的成功需要以社会责任为基石。损害他人、社会和自然环境的个体的成功不能被称作实现自我，而只是一种自私自利的生存手段。

当今大众更崇尚无忧无虑和以自我为中心的价值观，而忽视了对他人，甚至是对地球家园的关心。

过去，我们问一个孩子"长大后想成为什么样的人"，通常会得到"警察""消防员""医生"这类回答。而如今，很多小孩会不假思索地回答"百万富翁""名人"。如果我们进一步问他们想如何致富，或者为什么想成名，他们或许根本不明白你在说什么，甚至反问："这有什么关系？"因为对他们来说，过程和方式不重要，结果才重要。努力不能体现价值，成功和满足才有价值。

玛格丽特·撒切尔曾经指出，人们过去总想要"做"点儿什么，而如今却只想着"成为"什么。二十多年前，我开始做治疗师时，许多人是因为已经存在的问题来我这儿寻求治疗。但近几年，许多年轻人来寻求治疗，是因为他们没有轻松快速地取得成功或得到幸福。

有一次，一位出色的年轻人来到我的诊所，说她因尚未赚到人生的第一个一百万而忧心忡忡。我问她有什么个人爱好，她说"赚钱"。我又问她愿意为哪些社会群体做点儿事，以及想要改变当今世界的哪些方面，她表示不明白我在说什么。

我告诉她，以前，人们创办企业时都怀着用一生经营企业的信念，都是为了确保自己家族的后代过上舒适的生活，并能够回馈社会。这位年轻人听到这些话后感到很惊讶。

通过以上这个例子，我并不是想说我们应该无视有志者的进步和成功，而是想强调，我们获得归属感和尊重的途径不是一味地追求享乐和成功，而是直面问题、解决困难、达成目标并奉献社会。

> **练 习**
>
> 假如你有制定社会规则的权力，那么你认为哪些价值观是应该被优先考虑的？哪些是重要的、值得重视的？假如你通过这些规则来衡量自己，你会感到自卑吗？

正确的普世价值观真的存在吗？阿德勒认为，驱动人类前进的力量，就是超越自我和获得归属感。阿德勒通过研究社会生活，认识到社会上种种不和谐、不公正和苦难（包括仇恨、歧视、剥削、种族主义和战争），都是由人类价值的不平等导致的。

阿德勒通过观察伴侣、家庭、国家乃至国际关系，发现要想实现和谐（即和平、安全以及具备成长和发展的可能性），人类应当依据人人价值平等的原则来生活。

平等是所有人际关系和社会生活的基本准则。和谐的社会需要满足四个重要要求：平等、尊重、合作以及严禁控制他人的生活。平等意味着人无高低之分，感到平等的人将乐意与他人合作。

少数人赢得胜利，多数人失望而归

在竞争环境下，只有觉得有机会获胜的人才会接受挑战。换句话说，竞争为自认为有能力胜出的人提供了一个充满挑战、振奋人心的舞台，但对没把握获胜的人来说，竞争带来的只有失望。

案例描述

迪安是一家大公司的销售副经理，他为自己感到骄傲。他告诉我，他计划大幅度地提高公司产品的销量。我问他："你打算怎么做？"他说："我们公司有120名售货员。今年我举办了一场业务比赛，成绩前20的售货员将赢得一次独一无二的远东越野之旅。"

我回答他："我觉得这样做销量不会上升，反而有可能下降。"他请我解释一下原因。我说："只有觉

> 得自己有机会赢的人才会加倍努力，争取获得奖励，而其余的人因为没有一个可以达到的目标，只会比平时更懈怠。"他问我："那你有什么建议？"于是我建议他奖励每一个能够超越现有业绩的人，这样所有人都有机会赢得奖励。此外，由于个人获奖并不会损害其他同事的利益，这种机制也有助于促进同事间的合作。

如今电视上播放的很多真人秀节目就利用了这种竞争心理，让所有参与者互相比较，比如歌手比拼节目。世上有千千万万名歌手，每位听众都可以选择自己喜欢的风格。因此，评价一个歌手比另一个歌手更有价值是很荒谬的，这就好像把螺丝刀和橙子放在一起对比一样。

塔尔玛·巴尔－阿布教授常说，只有当一个学生把自己的分数同其他同学的相比时，他才有可能知道8分是高还是低。如果大多数人都得了10分，那么8分就是低分；如果大多数人都没过6分，那么8分就是高分。

我的一名患者安娜说，有一回，她带八个月大的女儿在儿科医生的诊室外等候时，坐在她身旁的一位妈妈与她交谈："她是什么时候学会转圈的？我女儿两个月大时就会了。""她还只会爬吗？我女儿六个月大的时候开始爬，现在已经想学走路了。""什么,你女儿不是这样吗?你看,做母亲的得给孩子加把劲儿……"

随着两人的交谈,安娜开始怀疑自己的女儿可能得了什么毛病,这似乎预示着自己不是个好妈妈。然后她微笑着说,至少她女儿在乳牙数量上赢了。我回答她:"你看,这就是做母亲的'加了把劲儿'的结果。"后来,儿科医生让安娜不要担心,因为每个孩子都有自己的生长发育节奏,要根据孩子自身的变化密切关注他们的成长,而不是与其他孩子比较。

不幸的是,人们通常会认为自我价值是通过同他人比较得来的。艾布拉姆森指出,如果我们问一个人:"你觉得跟谁相比,自己会低人一等,跟谁相比又会高人一等?"答案通常不难得出。请你也尝试回答这个问题。如果你能立刻回答出这个问题,说明你已经习惯通过与他人比较来确定自己在世界上的位置。

我们将携手改变世界

自尊心受伤的原因来自社会,因此能够治愈这种伤痛的人应该是社会中的成员。避免伤害他人的自尊心应当是每个社会成员首要考虑的问题。只有在一个充满认可和鼓励的环境中,人们才会愿意为了生存和群体发展贡献自己的力量。每个人都是独一无二、不可复制的,世上不会有一模一样的人,每个人都有用处,都可以奉献点儿什么。

然而,我们仅凭"存在于世"这个事实很难感到自己有用、值得被重视，因为我们生活在受垂直视角影响的世界中。同时，社会规范形成了评价一个人的标准，并令人难以反抗。

在水平视角中，在人和人之间做比较是一件愚蠢的事，合理的比较应该是把自己目前的状况和自己的目标相比，并思考：我以前在哪里，做了什么？我目前在哪里？我要去哪里？怎么去？通过这些问题，我们能够评估自己的进步程度，然后继续努力提高自己的能力，与他人一起为社会贡献力量。并且不必为他人的进步担忧，也不会为自己能否达成目标而焦虑。

水平视角观念不否认个体之间的差异，也不忽视这一事实：有些人在特定任务上表现得比其他人更好，他们更加努力，掌握更多才能或拥有其他条件，比如有利的人际关系、金钱和运气，但我们的对手不是别人，只是自己。在这里，一个人取得成就可以给他人带来灵感和希望，甚至会激起他人善意的"嫉妒"和想要努力取得类似成就的愿望。在这里，失败不会使人失去自信、热情、能量和希望。

认同水平观念的人不否认社会上存在的各种比较，但他们希望向前进而不是向上爬，追求改善自我、增加收入或其他任何能够增强自尊、归属感、满足感、成就感和愉悦感的事物。能遇到以这种逻辑行动的人很不容易。意识到这种不同视角的存在并将其纳为己用或部分采用的人，其情感、决定和行动会有很大不同：他们犯错后不会感到羞愧；他们享受努力的过程，欣赏每一次小的成功；他们设定目标的依据是这个目标对自己的重要性和吸引力，而不是它很保险或者能提高他们的社会地位；自己也将更加贴近自己的内心，更加信任、依靠和支持他人。

拥有水平观念的人能将失败看作学习的机会：即便失败可能令人痛苦，但它可以教导和激励自己，让自己更强大。艾布拉姆森说，拥有"水平观念"的人可以用另一种方式看待那些试图羞辱他们的人，认为那些人对自己的价值没有正确的认知，才想要通过这种方式提升自己的价值。倘若一个人拥有"水平观念"，便有能力同情他人，与他人共鸣。一个人接受人人平等的思想是因为他能够换位思考，因此他对待别人的方式也就是他希望别人对待自己的方式。

艾布拉姆森强调，拥有"水平观念"的人有一大特征，那就是友善，友善包括尊重他人和共情他人。我们很少看到既成功又和蔼的"垂直派"，因为拥有"垂直观念"的人通常有些自以为是。同样，他们请教某个专家或者某个领域的头号人物时，如果受到对方亲切友善或仅仅是客气的接待，也会感到非常惊讶。

"水平派"还具备这些特点：首先，他们关注事物的积极面，在交流过程中愿意帮助和鼓励他人，并且很谦虚；其次，他们充满活力，愿意积极参与活动。"水平派"把个人目标看得比社会地位更重要，他们精力充沛、兴致勃勃地渴望成长、进步和自我超越。对他们而言，给予不是牺牲，而是一件自然的事，为自己设定界限和关注自我也是如此。

帮助人们建立水平观念是阿德勒疗法的一大目标。假如一个人能够自由地生活，能够回答"我想要什么""我看重什么""什么才是必要的"之类的问题，能够以理智又热情的心态为自己设定目标，那么他将度过美好的一生。

一个人如果能放下对自我价值的担忧，哪怕只是放下一部分，也能极大地改变他的生活。因为他放下了关于"拥有更多"的焦虑和对失败的恐惧，所以他不会再把时间浪费在保住自己的地位上。这样，他就能从遭受羞辱和失去自尊的痛苦中恢复过来，他会感到安心、满足和快乐。

我们要建设一个更平等的社会，可以从一个很小的群体开始，比如从与伴侣更平等地相处开始。为了最大限度地减少儿童的自卑感，父母和老师可以尽量避免孩子们之间的竞争、比较。我们可以帮助孩子找到他们喜欢和擅长的事，让他们设立目标并充满热情地完成，而无须关注其他人在做什么。

我们可以彬彬有礼地对待每一个人，包括自己，因为每个人都可以为社会变革尽一份力。我们很难骤然改变所有社会观念，但可以从减少竞争入手，包括在家庭、学校和工作中。玛利亚·蒙特梭利说，和平教育是以合作为目的的教育。她认为，一切战争的根源都是"竞争"。

有一回，一名在整形外科工作的医生告诉我，他认为他的很大一部分工作是没有必要的，因为有的人仅仅因为容貌焦虑而整容。他说，学医是为了治疗疾病，而不是单纯地美化外表。之后，他花了很长时间思考了一连串问题：什么让他有所触动？他可以为改变世界做些什么？什么是最需要做的？他可以帮助什么样的人？思考之后，他开始为一个医疗志愿组织服务，每年都会前往饱受战乱和疾病困扰的地方，为面部严重畸形或受伤的儿童做整形外科手术。

践行水平观念的人不仅对他自己有益，也将影响他所处的环境。事实上，个体利益可以与集体利益相结合，产生协同效应。"水平派"的最终目的不在于追求奢侈的生活和极高的名望，而在于追求自己热爱的事和奉献社会。

"水平"代表更高的层次

阿尔伯特·爱因斯坦认为，任何形式的生命都是有价值的。然而，如果我们以一条鱼爬树的本领或一只猴子游泳的本领来评判它们的话，它们永远是失败的。在垂直视角中，"与众不同"通常会导致自卑。假如一个孩子患有身体残疾或认知障碍，或者是肤色、出身与其周围的人不同，他就可能产生严重的自卑情结。在一个奋力追求最高地位的社会，连孩子都免不了被卷入等级评估之中。因此，很多孩子通过诋毁他人（尤其是弱势群体）来抬高自己。

儿童最先接触的等级标准之一就是成为"酷男"或"酷女"，这在很大程度上是因为他们从孩提时代就被灌输了"垂直观念"。许多家长向我求助，担心他们的孩子不是"万人迷"。当我告诉他们重要的不是受欢迎而是善于交际时，家长们都很惊讶。我教家长们如何让孩子对他人产生兴趣，并运用自己的社交能力形成一个小小的密友圈。在这个圈子里，孩子们相互欣赏、相互接纳，而不是通过"酷"或其他任何社会上流行的标准来评判自己和他人。

有一回，一名学生和我讨论了"垂直观念"，他认定狮子的尾巴好于老鼠的脑袋。我回答他："我个人更欣赏猴子的手。"那些把狮子置于老鼠之上而非把它们摆在同一水平线上的人，肯定属于社会上享有特殊地位的群体，他们通过传播"人的价值有高有低"这种自认为理所当然的想法，小心地维护着自己的地位。

结　论

对于宇宙而言，人类处于低级地位。这种客观的劣势会促进人类成长，让人类战胜困难、发挥潜能。除了这种客观存在的劣势，充满竞争的社会中还有一种基于既定文化观念而非客观事实的社会劣势。换句话说，人类受到社会规定的标准的评估，并由此产生自卑感，却忽略了这些标准是否合理。

社会劣势造成的自卑感会让相信自己能成功的人勇于冒险，但也会让那些对自己没把握的人逃避可能伤害自尊的挑战。而一个平等的社会能够减弱个体的自卑感，提升个体的心理健康程度。因此，阿德勒学派的治疗师视自己为改变社会的推动者，以促进平等为己任。我们的工作远不止治疗患者的病痛。

由社会劣势造成的自卑感是一个人选择回避的触发条件，而让一个人重新积极努力地生活的触发条件是让他接受"水平观念"。在水平视角中，一个人的价值不取决于是否成功，每个人都有价值，这是不言而喻的事实。人们以积极乐观的态度面对生活，参与社会事务并奉献自己的力量，舒适感和成就感随之而来。

03　回避与不现实的目标之间的关系

从自卑感到优越感，再回到自卑感

我们在解决问题和达成目标的过程中常常会犯错。在水平观念里，犯错意味着缺乏实践、缺少知识或没有明确的方向。犯错可以让我们弄清楚哪儿做得不好、哪儿出了问题，以便更有针对性地纠正、改善。

当一个拥有水平观念的人发现自己无法完成某项任务时，他会丈量现实和理想之间的差距，预估需要几个步骤才能缩小这个差距。举个例子，一个想要在学习上取得进步的学生会舍弃部分娱乐活动时间，并向老师和同学寻求帮助，以便更好地掌握学习内容；一个想要演奏好某首曲目的音乐家会不断苦练，直到练得炉火纯青。如果他们在学习和练琴上花费了足够的时间和努力，却还是没有达到理想的成果，他们也许会重新制定目标，或者尝试在另一个领域发展。在水平观念中，承认自己在某方面不够优秀并不等于承认自己一无是处。

相反，当一个拥有垂直观念的人觉得自己不如他人时，他不会丈量现实和理想之间的差距并采取行动缩小这个差距，他会为自己设定一个能够彰显优越感的补偿性目标。此时，"成为最好"代替了完善和超越自我。阿德勒认为，如果一个人觉得自己的地位不如他人，那么他所渴望的不是平等，而是在他人之上。换句话说，他追求比别人优越，甚至追求完美。

然而，人类不可能达到完美，将完美作为目标的人注定会永远处于劣势，即一个人意识到自己未能实现要求过高的目标后的心理状态。这种劣势是社会劣势导致的，它源自垂直观念，与普遍存在且无法避免的正常劣势不同。

也就是说，自一个人渴望优越感的那一刻起，他的自卑感就不再由"结果不够好"导致，而是由"结果不够卓越"导致。举例来说，对于一个渴望蜚声国际的作家而言，他不会特别在意自己在本地是否小有名气；对于一个想得到满分的学生来说，90分的成绩会令他很失望；对于一个把诺贝尔奖作为目标的研究人员来说，一项技术研究成果不足以令他感到自豪。对于一个犯了错的"垂直派"来说，"这种事也可能发生在别人身上""没人能幸免"这类话毫无意义，反而会让他们感到被羞辱，认为"其他人怎么能和我相提并论"。将现实情况如实地说出来，讲明这是大部分人都会碰到的问题，对于追求完美的人来说是一种贬低。这就好像在暗示他们应该降低期望值，迎接可能到来的失败。

艾布拉姆森强调，一个拥有过高期望的人，其最大的恐惧莫过于成为普通人，即成为芸芸众生或凡夫俗子。当一个认为自己很独特、很卓越的人经历了失败，我们也许可以用这种方式鼓励他：给他讲伟人的生平，讲述伟人不断失败，直到抵达巅峰的故事。只有这样，他才会觉得自己找到了知音，因为我们承认他非等闲之辈，确信他会创造辉煌的成就。

> **练 习**
>
> 请你回忆一下，过去一周内，自己犯下了哪些错误或表现出哪些不当的举止。
>
> 然后请回答：当你发现错误后，第一反应是什么？也许你会说"我真蠢""我真笨"，也许你会感到惭愧或尴尬。
>
> 之后，再回答一组问题：你曾经在某个拥挤的地方栽过跟头或者滑倒吗？如果有，你当时是怎么做的？或许你首先做的是四处张望，确保没被人发现。你还记得当时你觉得哪里更难受吗，是身体还是自尊心？如果是自尊心更难受，愿因是什么？跌倒本是不足为奇的事，只因它暴露了你的不完美，就会让你感到被羞辱吗？

在垂直视角中，人们对于他人错误的反应一般为失望、批评、生气或者拒绝，这些反应会激起那些曾经犯错并因此蒙羞的人对抛弃和排挤的恐惧，也向我们传递了一个明确的信息：

错误本不应该出现，犯错很不好。换句话说，社会给人们灌输了这样的观念：犯错是天赋、智力或能力不足的表现，是马虎行事酿成的后果，假如多动动脑筋，集中注意力，错误是可以避免的。因此，这种信息让我们觉得我们应该随时随地保持完美，如果出了差错，就是我们的错，是我们在某些方面没做好，也是我们价值不足、无足轻重的表现。

许多人在儿童时期便有了"不完美就没有价值"的观念。例如，一个孩子发现自己画的画不好看，就把它撕个粉碎；另一个孩子因为没被安排在芭蕾舞演出的第一排，就勃然大怒。更值得注意的是，家长们甚至为此感到骄傲，说："没错，他呀，的确太完美主义了。"

完美主义

完美主义者渴望十全十美、毫无差错地完成某项任务。对于完美主义者而言，只有完美的事物才有价值和意义，不完美的都一无是处、无足轻重。不过，众多研究发现，完美主义者也有积极和消极之分。

积极的完美主义者会尽可能把任务做到最好，并在追求极致的过程中体验到快乐，同时意识到不完美的结局同样有价值。而消极的完美主义者追求绝对的理想化，有着不切实际的目标，会自我批判，对犯错过度担忧。消极的完美主义者如果没有达到完美目标，就会觉得自己没有价值、很失败，甚至会产生回避、拖延的倾向，导致情绪压力大、人际关系紧张或精神失调等问题。

许多研究发现，完美主义普遍存在于患有多种心理问题或生理问题的人身上，这些问题包括抑郁症、饮食紊乱、强迫症、自杀倾向、恐惧症等。对于完美主义者来说，即便无法实现的目标会让他们深受折磨、选择回避，他们也不会放弃这个不现实的目标。

很多研究支撑起了阿德勒的这个观点：过高的抱负是常见的精神障碍的诱因。因此，在任何类型的诊疗中，对过高抱负的早期表现的感知和针对性治疗都至关重要。阿德勒推测，与日俱增的社会自卑感催生了补偿性机制——追求完美的理想。当自卑使一个人难以应对日常任务时，就很容易发展成一种完美主义。

完美主义是"设定不切实际的目标"的形式之一，但并不完全涵盖"过度补偿"这一概念，因为过度补偿涉及的范围更广，也更复杂。不切实际的目标有多种形式，如渴望变得与众不同，遵守不切实际的伦理准则，想要受到所有人的喜爱和尊重，甚至想成为世上最糟糕的人。总之，只要不平庸，怎样都行。

只是想变得足够好

阿德勒说，回避者之所以无法适应现实，是因为他们试图实现不可能的目标。

47岁的爱德华是名木工。客户询价的时候，他会拖很长时间才告知预算；等工作完成了，他又迟迟不肯交货，总认为还有细节需要完善。即便客户对他的产品和报价都很满意，也不会向他人推荐他，因为客户都觉得和他共事太让人恼火了。埃莱娜今年35岁，是技术部经理。她想找到自己的另一半并与之组建家庭，可是她在每个约会对象身上都能挑出毛病。用她自己的话说，她还没有做好妥协的准备。安德烈斯今年18岁，他放弃了参加普通军事部队训练的机会，因为他一心想进一个精英军事单位。

他们三人之间有什么共同点呢？那就是在他们眼中，某个说得过去的成就一文不值。客观地说，他们的工作都很不错，也各有价值，但是他们自己设定的目标太高，他们无法感到满足。

阿德勒认为，回避者感到痛苦，并不是因为自己不如他人，而是因为自己没有超越他人，没有达到优越或完美的标准。因此，回避者表面看起来很自卑，背后却隐藏着傲慢，他们认为"普通"意味着不够格，也就是说，他们的隐性愿望是超过常人。

自卑和优越之间只有一步之隔，渴望高人一等和回避之间也只有一步之隔。当一个人不确定自己是否能达到"优越"时，放弃行动便成为避免失败的方法。

阿德勒认为，一个人可以把生活中某些客观事实和情形理解为"劣势"，也可以不这么理解，哪怕这是社会公认的观念。艾布拉姆森认为，任何迫使患者接受治疗的情感创伤都与其自尊心受损有关。一个人因举止不完美而导致的沮丧和回避会对其精神产生影响，这从儿童身上就能看到：安娜不愿意在课堂上回答问题，因为她不确定自己的答案是否准确；丹尼尔不敢主动跟别人交朋友，因为他担心被拒绝；桑德拉放弃了一节艺术课，因为她知道自己不是那里最出众的学员，但她却对父母说是因为课程很无聊。

一个人选择回避的首要原因是自认为比不上别人。追寻十全十美、不可能完成的目标就是回避的根本原因。想要改变这一切，我们必须承认这种目标是不切实际的，然后降低自己的期望值。这两步都是不容易做到的：承认自己的目标不切实际会让人感到羞愧，因为他会发现自己并不特殊，而是自负，但他又认为达成普通目标是无足轻重的；降低标准会让人感到自己将要迎接平庸和羞辱。

要求真的太高了吗

对于许多回避者及其家属，甚至他们的治疗师而言，有时很难说清目标的不可行性。不是所有回避者都想成为大学教授、宇航员、百万富翁或士绅名流，不切实际的目标并非总能轻易地被识别出来。患者常说："我的要求真的太高了吗？""我只想过得好些。""我只想感觉好些。"无论男女，人们总是无意识地想要保持最佳状态。

有时，对完美的渴望是通过某种模糊的意愿表现出来的，比如某人认为自己应该与众不同，应该在某个方面成为第一。这个"成为第一"可以是成为办事最严谨的人、待人最谦卑的人、对自己最了解的人、最懂得倾听他人心声的人，也可以是受到最多关爱和赏识的人。甚至，对"与众不同"的解读还可能是受苦或日子过得比别人艰辛。

有些时候，我们能很容易识别出那些不切实际的目标。剧作家汉诺赫·列文说，普通人完成的是生活的任务，而追求优越感的人认为这种常人需要完成的任务根本不值一提。

下面这个案例让我印象深刻，促使我在"回避"这一课题上深耕多年。我特别欣赏案例中的这名患者，也十分同情她的遭遇。通过这个案例，我开始理解为什么回避者设立的目标是不切实际的。

案例描述

加拉是一名成功的作家，她非常重视自己的外表，并因此备受煎熬。她说自己患有严重的抑郁症，感觉自己的行动能力在明显下降。她说，她最近常听到这样的话："长得好看""根据年龄来看，状态很好""很会保养"，以及"过去十有八九是个美人"。这些话让她感到苦涩。

加拉不愿接受自己的外表不如从前的现实，她一

> 直幻想着这种事情不会发生在自己身上，认为这只是暂时的，是可以改变的，或者干脆不承认这个事实。因此，她花费大量金钱去做整容手术，结果却不如她意。
>
> 毫无疑问，在重回青春和阻止岁月流逝这两件事上，我帮不上她什么忙。但是我坚信，女性的价值不在于她的外表，成熟和衰老并不意味着不美，因为女性在不同年龄阶段有不同的美。
>
> 我建议她把外表的变化视作生活的一部分来接受它，希望她能接受这是不可避免的事实。我还建议她关注自己生活中美妙的事，并感谢年轻时美貌曾伴她左右。然而她对此提不起兴致，她宁可忍受折磨，也不愿意接纳现在的自己。

如果加拉可以接受现在的自己，便能够释放种种执念所耗费的精力，转而用于其他事情，结果可能会好很多。她如此徒劳地让自己看起来年轻貌美，却疏忽了儿女、伴侣、朋友和工作，最终让自己更加痛苦。

加拉的案例促使我全方位思考回避行为。我问自己，如何才能帮助回避者接纳自我、努力完成可实现的目标、勇于承担责任？当言语不够有说服力时，我还能怎么做？

德雷克斯在他的书中指出，在治疗中，为了促成改变而运用的思维方式本身就有局限性。他认为，语言的局限性是其固有属性，任何事如果仅停留在语言层面，是不会产生效果的。在某些治疗中，如果语言起不到作用，就必须采用更激进的对策来"动摇患者因疾病而获得的安全感"。为了寻找治疗回避行为的有效方法，我拟定了一个运用心理剧进行干预治疗的方案，这也是我博士论文的研究课题。

心理剧是一种具有表现力和创造力的治疗手段，患者可以把自己的生活场景编成戏剧展示出来。在研究过程中，我让四十名有回避行为的患者各编排三个有代表性的场景：理想的未来、目前的状态，以及为了平衡两者所采取的行动。编排完之后，我会为患者再现场景，让患者观察他们是如何生活的。我将这一步叫作"回放"，治疗师将患者的故事"搬上舞台"，患者变成了观众。

在运用心理剧治疗的初始阶段，我要求患者想象未来的自己，想象在未来的某时某地他们渴望成为什么样的人，得到什么东西。我把这个场景称为"未来的生活应该如何"。患者将理想未来的某一天编成一幕剧。

我发现，患者无一例外地编出了超乎寻常的场景。虽然他们的目标看起来很合理，比如学习一门技艺、事业兴旺或家庭幸福，但他们编出的场景却超乎寻常，比如事业总是一夜之间大获成功，家庭中所有成员永远友爱互助。

我让患者编排的第二个场景叫作"现在的生活如何"。我要求患者编排一个真实的生活场景。

当患者被问到如何评价自己的日常生活或对此有什么想法时，所有人的回答都是"很可怕"。以他们的视角来看，普通等同于可怕。可以看出，日常生活中的空虚和乏味带来的苦痛，源自他们混淆了理想化场景和现实生活。不现实的期望会造成负面结果：一方面，它会让一个人长期感到"这还不够"或"这不是我想要的"；另一方面，它会让人倾向于不付出任何努力，因为努力充其量只能取得部分成果，这种不完全的改变等于完全没用。

那么，我们如何判断自己的目标是否实际呢？

有很多方式。我会请一个人描述他的童年记忆中最快乐的一天，并想象未来某天也会如此快乐，当我听他讲述这段回忆时，我可以判断这个人在什么条件下会有归属感并认为自己有价值。

对于积极的人而言，"快乐的一天"通常是他们取得了非同寻常的成就，因自己的能力做出贡献，或对他人的生活产生影响而得到认可的时候。相反，回避者所描述的通常是没有外界压力的情况下，因自己的卓越表现而受到称赞的场景。

> **练 习**
>
> 回忆一次儿时最快乐的经历,分析让你快乐的条件,比如亲密关系、友情、赞赏、认可、自由、舒适、勇气或行动等。留意以下几点:这些条件每天都存在吗?你那次感受到的快乐取决于自己还是他人?你是一个主动的人,还是一个被动的人?你是一个独立自主的人,还是一个依赖性强的人?

美好的生活

一般来说,回避的根源在于渴望过上更好的生活,而且是一流的生活。如果我们请回避者回答"生活应该是怎样的"这个问题,他会描绘一个完美的世界,一个不费吹灰之力就能立刻得到一切的世界。

过高的期待来自自卑感引发的补偿性需求,也来自扭曲的社会"现实"。杂志和真人秀上都是生活幸福的俊男美女,他们住在豪华公寓,随心所欲,一切都看起来很完美。我们还经常在社交软件上看到他人精彩的生活。

而现实是,广告中看上去光鲜亮丽、一脸幸福的模特很有可能正忍受着极为严格的节食计划;她需要在下雪天或烈日下工作多时,直到完成拍摄;过了一定年龄,她不再年轻,新一批年轻模特将取代她的位置……

从客观角度看，如经济富足、有教养、长得漂亮、有名气或者其他任何一个优点，都可以定义为成功，但如果一个人脑海中的生活是另一种更好的模样，他就会觉得自己不够好或不成功。一位著名歌手曾在一次采访中说，他无法忍受听自己的录音，因为他只能听到自己唱得不好的地方，而且执着地认为，假如他做了这个或者那个，他肯定能唱得更好。

如果一个人渴望过上光鲜、刺激、受人追捧的生活，那么普通的日子会显得单调乏味；如果一个人渴望获得突破性的成就，那么一次小小的成功就毫无价值。我听过很多患者说"我这辈子一事无成"，我想这句话可以理解为"我没做出什么能让自己区别于普通人的事，普通人只是过着快乐却没什么意义的日子"。对于这类患者来说，如果必须放弃幻想，那么他们不仅要接受"失败"的事实，还要接受平凡、乏味的生活。幻想一种与众不同的生活会让他们认为目前的一切都只不过是暂时的，指不定什么时候，真正的生活就开始了。

放弃幻想卓越的生活和宏伟的志向，承认平凡生活的价值，意味着舍弃，意味着失落，这种感觉很不好但也很必要，因为它能促使我们从回避转向行动。

对于更加极端的回避者，即连生活中的必要任务都不愿意完成的人，让他们承认自己的目标不切实际，放弃无法实现的幻想就更显得重要。

一个人能否从回避转向行动取决于他是否愿意放弃"只有

达到完美或卓越才有价值"的思想。回避者必须承认自己即便不完美也有价值，只有这样才能找到行动的意义，逐步向可能取得的成就迈进。

关于远大的抱负

在垂直观念中，社会鼓励主动、创新和勇气，赞美沿着社会地位和财富的阶梯向上爬的人。其实，拥有远大的抱负本身没有问题，但一个人根据能否实现远大抱负来评估自己的价值就有问题了。把追求卓越和完美作为前进方向而不是目标的人，可以不断地完善自我。他们会从每次行动和战胜困难的过程中得到乐趣。当遇到障碍时，他们也能灵活自如地调整计划，而不至于崩溃。

我喜欢把对完美的向往比作追寻地平线的旅行——我们知道自己的方向，也清楚永远无法到达终点。渴望完美是一件有意义的事，因为它为我们的行动、自我完善和进步提供了动力。但如果渴望完美变成了最终目的而不是前进方向，那么任何达不到完美水准的情况都会被认为是无用的、令人沮丧的。

换句话说，如果完美是一座在旅途中为我们指引方向的灯塔，那么追寻完美就是一种水平视角下的尝试。在这种情况下，追寻者不会执着于达到完美的目的地，因为他们关注的是旅途的过程，任何失败都不会挫伤他们，只会激励他们重整旗鼓，再次尝试，付出更多努力。相反，如果追寻者只关注"完美"

这个目的地，那么那些自认为有本事到达目的地的人会为了达到完美进行激烈的竞争，而那些自认为希望渺茫的人则会退出，即选择回避。

因此，被垂直视角影响的社会可能造就两种人：急功近利者和回避者。前者也可以理解为对成功过度执着的人，是那些为了取得成功而"拼命"的人；后者有的习惯拖延，有的不愿付出努力但依旧幻想着假如自己努力肯定能取得成功。

回避者也渴望爬到社会顶层，但又认为自己做不到，于是得出努力没有意义的结论，同时也不放弃高人一等的幻想。因此，采取回避策略可以让他们既不用付出努力，还能保留优于他人的幻想。

多年的工作经历让我发现，高效能者和回避者之间的区别在于他们目标的可行性和处事的灵活度。高效能者设立的目标一般来说是可能实现的，这一方面取决于他们的天赋，另一方面取决于他们极强的付出各种必要努力的意愿。高效能者只要没有完全达到目标，就会继续苦干，不断创新和奉献。

阿根廷作家博尔赫斯就是一个高效能者。在生命的最后几年里，他为自己尚未获得诺贝尔文学奖而耿耿于怀。他向公众和媒体说出心声，却遭到很多人的嘲讽。他自己也开玩笑说："这是一项传统，提名我却颁奖给别人……自打我出生以来，该奖就从未授予过我。"然而，尽管他的梦想一次又一次落空，他也没停止写作。直到临终前，他都在不断地创作诗歌。现在，他的诗不仅被翻译成数十种语言，在全世界出版，还成为人们讨论的话题，启迪着那些探寻生命意义的人。

与高效能者相反，回避者向往不切实际的目标。如果一个目标无法被任何人达成（比如成为"开天辟地的人"），或者成功的希望渺茫（比如成为世界首富），再或者实现目标和所需天赋之间存在无法逾越的鸿沟，那么这个目标便是不现实的。正如接下来的案例所示，回避者不仅无法达成目标，还会以典型的"二选一"的方式警示自己：要么全力以赴，要么无所作为。

案例描述

本杰以优异的成绩从会计专业毕业后，被一家全国一流的会计师事务所录用。工作后，他杰出的能力很快被事务所发现，事务所授予他"新星"称号。他说他的人生只有一个追求——成为事务所的合伙人。几年后，当他终于意识到自己不可能成为合伙人时，便陷入偏执状态，试图弄清自己"到底哪里做错了"。

之后，不论多么重要的工作都无法引起他的关注，即便这些工作是不可多得的机遇，能够让他声名显赫、收入颇丰。有一次，他告诉我："你知道为什么这个治疗帮不了我吗？因为我们之间的期望不同，无法调和。你希望我接纳原本的自己，而我希望你帮我变成完美的自己。"

> 最终我没能帮助他,他逐渐变得抑郁,对什么都提不起兴趣,并对完美的执念越来越重。

成功者的烦恼

现在,我们来说一说那些行动积极、效率高,内化了垂直观念和竞争观念的人。我们来分析一下为什么这些观念对于成功者来说也是不利的。

成功者总是充满活力、勇于攀登,他们的努力常常能够得到回报。他们实现了自己设定的大部分目标,体验到了成功的满足感,但他们也不得不为此付出高昂的代价。不仅是他们,社会也要为此付出代价,因为这些人登上高位,意味着其他人会受到阻碍。

拥有垂直观念的成功者总是倍感压力。当个人价值必须与成功关联,他们只能永不停歇地向上爬。因此许多成功者的生活是失衡的:他们的首要目标是成功和名望,而忽视了其他无关乎竞争的方面,比如两性关系、亲子关系、社交和休闲活动等。

成功的垂直派没有时间和精力过健康的生活。他们过分投入工作,时常处于焦虑之中,这会损害他们的身体、影响他们的情绪。超负荷的工作让他们无法享受生活,尤其是享受努力的过程。任何不能促成成功的努力都被他们视为无用功和浪费时间的事。因此，他们虽是成功者，但仍无法停歇，得不到平静和安宁。

这类人有一个相同点：对于那些不能被称作里程碑式的事件不屑一顾。因为普通的成就是不值一提的，成功者不会为了休息、庆祝和享受而停下脚步。有一回，我的患者西弗跟我说："我这一生没干成什么惊天动地的事。"他今年36岁，有自己的家庭，注册了几项专利，还成立了一家公司，手下有几十名员工。可他对自己目前的成就不屑一顾，一心想达成更远大的目标。如果有人对他曾经获得的奖项表示祝贺，他会反问："你为什么要恭喜我？"过去的成就对他来说并不重要，重要的是接下来的目标。

这类人不仅压力很大，还会一直担心自己的社会地位不保。正如先前所述，这类人的自尊是由他们所取得的成就决定的。因此，到达顶峰的人仍会加快脚步，因为从高处坠落意味着丢失尊严。

很多时候，一次或一连串的失败会动摇这类人的信念，使其意志消沉，进而退出竞争，转变成回避者。也有的时候，他们会将自己拖入更糟糕的境地，比如采取破坏、暴力等行为发泄情绪，进而抑郁、成瘾。

成功的垂直派付出的另一种代价是人际关系受损。他们会把他人看作对手，因此很难与他人建立真正的友谊。大多数情况下，他们把他人当作潜在威胁，很难与人合作或求助于人，也很难在庆祝他人的成功和喜悦时不感到嫉妒和苦涩，甚至还会因为他人的失败或犯错而窃喜。

　　成功者努力的目标首先是追求个体的成功，名望和社会地位对他们来说尤为重要，因此他们很可能不会参与那些无法增添财富和提高声望的社会活动。他们还可能受到诱惑，为了个人利益而操控社会资源。此外，他们还会将才华横溢的人视作对手，试图阻挠其进步。为了向上爬，他们很可能会把他人向下打压，并以批评和嘲讽的口吻羞辱他人。

> **案例描述**
>
> 　　马尔塔来我的诊所接受治疗时已经快40岁了。她获得了两个专业学位；她选择了自己喜欢的职业，她的岗位很重要并且收入很高；她有一个很爱她的丈夫，他们能够互相理解；她有三个健康成长的孩子；她住在自己买下的房子里，周边环境优美；她还在一个致力于援助贫困儿童的组织里做志愿者。即便如此，她觉得自己一点儿都不幸福，她抑郁、对生活失望，但又说不出缺了什么。对她来说，她所争取到和拥有的一切都无足轻重、理所当然。
>
> 　　在一次治疗中，她对我说，假如她换一个职业，也许会取得令她满意的重要成就。然而，我对她已经足够了解，知道这种改变不会起什么作用，便对她说：

> "假如你从事社会工作,只有当上公共卫生部部长才会甘心;假如你从事教育工作,那肯定是要当上教育部部长才行。"她听了我的话后哈哈大笑。
>
> 一天晚上,我看到电视广告里的女演员在不停地说:"颜色还能再深一点儿吗?还能再高一些吗?"在那一刻,我恍然大悟,这就是马尔塔和那些不停往上爬、对成功上瘾的人所渴望的——更多。只有"再往前走一步"才算成功,只有这样才能让他们感到幸福。
>
> 我帮助马尔塔分析了她抑郁、不快乐和无法达成的目标之间的关系,让她看到了自己如何无视已经拥有的事物,而执着于无法实现的渴望。最终,她看到了自己的问题,领会到了水平观念的意义,学会了更加珍惜和享受所拥有的一切。

成功者似乎都是社会竞争中的赢家。他们向上攀爬,寻求胜利。他们收获了成果,达到了目标,同时也付出了代价,即便大多数人并未意识到这种代价的危险和不良影响。因此,成功者寻求治疗的原因主要有两个:第一,他们没有达成目标;第二,他们为了成功付出了难以承受的代价。

对于成功者来说,心理治疗能让他们重新定义成功,在很大程度上减轻他们的痛苦。

与垂直观念中的努力相似，水平观念中的努力也是为了实现目标而采取的合理行动，但与前者不同，后者还意味着接纳自我，欣赏努力的过程和取得的成就，享受乐趣，注重他人并与他人合作。水平观念中的努力不是攀登而是前进，并在前进的路上顾及他人和自己的需求。有时，我会通过让有垂直观念的成功者寻找新的目标来引导他们在生活中得到些许平衡，比如改善日常生活中的人际关系，尤其是两性关系；再比如延长休闲时间，注意保养身体。同时，我还建议他们谦卑待人，并告诉他们这样照样可以出类拔萃。

再谈回避者

和成功者一样，回避者也内化了垂直观念，渴望攀登至顶峰。不同的是，他们并不会为了到达顶峰而积极奋斗，而是保留着身居高位的幻想，避免任何可能暴露他们真实能力的情况。艾布拉姆森指出，回避者除了会提出不切实际的目标外，还有两个特征：一个是缺少付出努力的意志，他们总是缓慢前行；另一个是不信任自己，不相信自己有能力达成目标。

回避者拒绝耗费自己的精力和资源，他们更想待在舒适区里，因为舒适区是一个没有失败风险的空间。回避者认为努力意味着艰难和痛苦。此外，他们还过分关注自己的社会地位和声望，这种关注已经达到极端的地步，以至于他们顾不上关注他人和现实的需求。

不再回避意味着承认自己的目标不切实际，学会放弃，转而制定更现实的目标。在"水平视角"里，他人不是自己的竞争者，而是旅途中的伙伴。人们不再需要努力向上爬，只需向着自己的目标前进。以下案例表明，放弃垂直观念可以促使回避者采取行动，重新向前。

> **案例描述**
>
> 伊雷妮在38岁时决定重返大学校园。之后，在每个学期期末临近考试时，她总是感到焦虑不安。用她自己的话说，她没法好好备考，因此上考场对她来说毫无意义，还不如不去。我问她："是不是觉得自己跟班上同学相比不够聪明或不够有才能？"她表示不同意。我又问她："你认为自己能及格吗？"她说："我当然能及格，但只达到及格线也太丢人啦！"我又问："我理解你认为满分比及格强，但你能不能告诉我，为什么零分也好过及格分呢？"

我并不是想让她只考到及格分，更不是想让她不努力学习，我只是想帮她走上正轨，从不参加考试到参加考试。对于她来说，参加考试本身就是一种成功，哪怕只是考到及格线，也能让她获得积极乐观的能量。当正能量提升，她才更愿意放手一搏，取得更大的成就。努力尝试可以增强一个人的安全感，使他学会相信自己。

伊雷妮的例子展示了回避者的一种荒谬却又普遍存在的想法：一无所有要好于部分拥有。艾布拉姆森对此做出了简明的解释：回避使一个人认为自己不是一个会轻易妥协、放弃的人。他们认为如果不能成为最好，那么连尝试的意义都没有。这是因为假如尝试以后结果一般，那将意味着自己缺少价值，不过是一个普通人。

因此，虽然回避会带来痛苦，但这份痛苦总比达不到完美带来的痛苦轻。

结　论

回避者为自己设定了具有优越感的补偿性目标，他们渴望与众不同，甚至完美。自设立不切实际的目标起，回避者就会感到更加自卑，这种自卑不是由他觉得自己不如别人引起的，而是由他没有超越别人，即没有达到完美引起的。

艾布拉姆森认为，对于这种不切实际的目标，不同的人有不同的处理方法。成功者通常会积极地付出努力，他们有信心、勇气和力量去实现目标，因此精力充沛，坚持不懈。他们收获了成长和成功，但也付出了代价：整日紧张不安，害怕自己"坠落"。

而回避者则会采取不同的行动。回避者不相信自己有能力完成目标，很难持续付出努力，且对他人没有足够的关注。换句话说，履行义务和承担责任有助于回避者战胜困难和烦恼，但他们做不到。

然而，水平观念中对完美的解读完全不同：生活是一段自我实现的旅程，其重要性和价值体现在旅途的过程中。以水平观念对待生活，成功者会获得内心的平静，回避者将有望融入生活，无须躲在一旁。

04　造成回避的其他因素

回避是一种维护自尊的策略。当一个人执着于垂直观念，认为要比他人更好才有价值时，他就有可能使用这种策略。一个人在感到自卑时，会为自己设立高不可攀的目标，并以这个目标作为衡量自己成功与否的标准。之后，如果他不相信自己有能力完成目标，就可能选择不再努力，避免任何挑战，并认为不付出努力比遭遇失败或只获得部分成功好。

我们在前面介绍了造成回避的两个因素：一是与他人比较后感到自卑；二是产生不切实际的愿望，继而寻求补偿性目标来维护自尊心。下面，我们会探究另外三个造成回避的因素。

第三个因素：纵容

阿德勒指出，纵容孩子可能会使其日后选择回避。

纵容的一大特点为"过度"，即父母做了孩子本该独立完成的事情，帮了不该帮的忙；父母无条件接受孩子提出的任何要求和想法，而子女无须考虑他人的需求、愿望、时间、财力和健康状况等。

纵容会使孩子丧失自我控制和延迟满足的能力。被纵容的孩子会认为自己的想法应当在没有反对的情况下立刻得到满足，父母要对自己的幸福负责。一个孩子如果无须承担生活中的义务，能毫不费力地获得想要的一切，并且做错什么都能得到原谅，他就会变得喜欢发号施令。

纵容孩子并不能让他们感到幸福，因为这会让他们觉得任何一件小任务（例如早起上学、做作业）都是苦差事。当生活中的平常任务变成烦恼，孩子总会感到非常不快。换句话说，被宠坏的孩子没有做好生活的准备。

德雷克斯做过这样一个比喻，残酷却又精准：这（纵容）就好比先打断他们（孩子）的双腿，再提供一把轮椅。

童年转瞬即逝，但童年是孩子成为成年人的准备时间。孩子如果没有接受面对困难、战胜困难的训练，成年后就无法应对生活中的挑战。这就好比让刚刚入伍的新兵上战场，并对他说："你看，打仗就是这样，祝你好运。"

人生是一场充满挑战的旅程，那些没能锻炼出"心理肌肉"的人将遭遇接连不断的打击。回避者通常缺乏生活的历练，因此他们很难为了达成愿望而付出努力和必要的代价，也很难与他人合作。因此，在纵容中长大的孩子极有可能发展为回避者。

这类孩子是可悲的。对于他们来说，生活中任何需要付出努力和耐心、需要合作、可能被延迟奖赏的任务都是令他们沮丧的苦差事。因此，他们会感觉自己受骗了，认为自己很不幸。他们不具备解决困难和问题的力量与能力，也找不到像父母那样对他们没有期待和要求，能够牺牲自己的需要来满足他们的人。

纵容孩子的父母也是可悲的。他们多年的奉献没有让孩子过上幸福的生活，反而让孩子养成动不动就发号施令、吹毛求疵，认为一切理所当然，甚至只惦记着自己没得到的东西的习惯。当孩子长大了，他们很有可能不仅不考虑、不照顾已经年迈的父母，还会责怪父母曾经的纵容。

人生是一段艰难的旅程

在生活中，我们会不断面对任务、接受挑战。正如阿德勒所述，很多时候，当一个人必须面对一个全新的、要求很高的挑战时，就会产生回避心理。举个例子，许多高校毕业生因为即将迈入职场而惴惴不安。他们中的有些人会报名参加培训课程，或攻读第二个、第三个学位，继续保持学生身份，因为这样就不用参加工作了。

长时间无精打采是回避者的一大重要特征，他们常感到困倦、无聊、缺少动力。许多回避者以"我感到乏力"开始自己的一天。他们对什么感到乏力呢？答案是"处理日常任务"，因为日常任务大多都普普通通、不令人振奋。回避者认为"感到乏力"是回避的理由，然而他们正好弄反了：对日常任务的回避削弱了一个人处理事情的意志、能力和技巧。

这样就形成了一个恶性循环：回避导致乏力和个人安全感

缺失，而后两者又会导致更严重的回避。

除了感到长期乏力和缺乏安全感，回避者还会失去他人的赏识，因为社会把回避定义为消极行为。我们的父母、伴侣、同事、朋友等都需要我们，他们期待我们参与生活中的任务和挑战，并贡献力量。

对于社会来说，回避者懒懒散散、不守规矩、做事欠考虑、意志力薄弱、被动且无法持续努力。甚至那些对回避者感情很深的人，在倾尽全力帮助回避者却以失败告终之后，也不免会感到失望和沮丧。更悲哀的是，回避者很清楚自己回避社会和家庭责任的行为是不可取的，但他们没有别的选择。他们缺乏意志和能力，也找不到足够的意义来应对这些。

毫无策略地放弃

有时，回避者也会主动起来。比如在治疗的初始阶段，在治疗师的激励下，回避者会倍受鼓舞，认为有必要做出一些改变。但艾布拉姆森发现，回避者最常做出的改变是放弃。

当回避者决定辞职、离婚或与某人断交，其身边的人和治疗师可能会掉入他们的陷阱，误以为回避者有所行动是治疗发挥了作用，但回避者采取放弃行为的动机并不一定是积极的。

对于一个明白自己无法改变现实并计划尽快找到替代方案的人来说，放弃是一个很好的选择，但对于回避者来说却不一定。如果回避者尚未承诺要改变自己的行为就决定离开目前的处境,那么治疗师不应欢欣鼓舞,因为回避者很难找到所谓的新环境。

第四个因素:社会情感淡薄

现在,我们来看看造成回避的第四个因素:对他人和社会漠不关心。在阿德勒的词典里,这种现象被称作"社会情感淡薄"。阿德勒认为,一个人拒绝理解和接受社会生活的逻辑,不根据自身能力参与到社会中,不与他人协作,就是回避。

人类是社会性动物,人类的生存状态由所属的群体和所处的社会环境决定。阿德勒推测,社会归属感对于个体的生存和身心发展具有决定性作用,一个人天生具备依恋他人、善于社交的潜力。阿德勒将这种潜力称为"社会兴趣"或"社会情感"。

阿德勒观察到了个体与社会之间的互动关系和相互依赖的属性,社会情感是个体与社会之间产生的一种团结和互相依存的情感。换句话说,个体认为自己是社会的一部分,并表现出对社会的认同,关心社会的福祉,有意愿和能力建立人际关系、产生同理心并与他人合作。

阿德勒认为,社会情感是心理健康的核心,因此阿德勒疗法的一大目标就是激发人们对社会情感的意识。根据伊娃·德雷克斯·弗格森的观点,社会情感是个体完全释放个人潜能的前提。

社会情感淡薄是造成回避的一个重要因素。社会情感淡薄就像是人的精神生病了。我们生病时会比平时更封闭，对他人的同理心会减弱。病痛让我们远离人群和各种活动，使我们放慢实现目标的脚步，暂停履行某些义务，让我们失去体验生活和学习新知识的兴趣。同样，一个没有归属感、不受重视的人就像生病了一样，会特别关注自身的痛苦，而很少关注其他。社会情感淡薄的人没有机会增强自信心，没有机会通过帮助他人、参与社会活动以及与他人合作提升适应力，没有机会感受成就感和社会的赏识、尊重。

强烈的社会情感有助于人们战胜对失败的恐惧，让人们不再过度关注自我。举两个例子：一名内向的研究人员了解自己的研究成果对于行业进步的重要性，因此他能够克服在会议上发言怯场的弱点，勇敢上台演讲；一个胆小的父亲知道自己对儿子的责任，因此在儿子面临险境时能够克服恐惧，站出来保护儿子。

一个人越关注自己，他的精神状况就越差。同时，关注自己并不能消除或减轻自卑感，反而会加强自卑感，因为这样的人没有坚强的意志和足够的能力，不能做出能增强他的归属感和价值感的事情。积极心理学领域的先驱之一马丁·塞利格曼的研究表明，一个人的幸福感会随着他对他人的关心程度和贡献程度的增加而上升。

> **练 习**
>
> 请你做一件让自己开心的事和一件帮助他人的事。每做完一件事,把你当时的感觉记录下来,然后在手机上设定一个一周后的闹钟。一周后,你需要回忆并重新思考这两件事,并回答:哪一件事依旧能带给你满足感?

孩子的社会情感

孩子天生擅长主动与所处环境建立联系,并抓住一切机会努力参与其中。有时,几个月大的婴儿会试着把自己的米糊喂给妈妈吃。如果他的努力得到了良好的回应,他会感到自己有能力、有用,并想要继续培养这种能力。他会留意什么地方、什么人需要他,并为之尽一份力。如果我们让一个三岁的小女孩帮忙洗餐具,她会兴高采烈地问:"我真的可以这么做吗?"然后立刻开始行动。

当今社会,家长一般不鼓励孩子帮忙。孩子试图帮忙反而会被认为碍事,并遭到拒绝。妈妈会对想要喂她一口饭的儿子说"我不饿",而不是说"感谢你为我着想";走近洗碗机的小女孩听到的不是"来,我教你怎么使用洗碗机",而是"走开,别妨碍大人做事"。"小心点儿,别跌倒了""别把这个弄坏""不能把那个打碎""不能弄脏"……这类话语传递给孩子的信息是"坐着别动，不要添乱"。

在快节奏的生活中，父母没有时间训练孩子完成大人的任务，也没有精力和耐心等着孩子学会做一件事。阿奇·尤塔姆表示，如果孩子很早就明白自己不属于某个群体，他就会远离那个群体。

因此，孩子获取归属感的途径不是高效的合作，而是吸引他人的注意，比如大喊"妈妈，快看这个"，或是提出"我想喝饮料"这种要求。

如果这几招都不灵，他们会通过消极行为表达自己的不满与需求，比如在墙上乱涂乱画或捉弄兄弟姐妹。最终，这些消极行为可能引发一场冲突。

反之，过度以子女为中心也会削弱孩子的社会情感。在许多家庭中，大人每天的活动都是围绕孩子的需求和愿望而进行的，而没有考虑到其他家庭成员和实际情况。举个例子，父母答应了孩子的请求，同意在公园里多玩一会儿。这导致他们回家晚了，父母的工作没有做完，只能熬夜完成。再举个例子：家长一边开车，一边硬着头皮听孩子想要听的吵闹的音乐。

尤塔姆在他的书中指出，家长只对孩子的事情感兴趣也会削弱孩子的社会情感。比如家长急切地问刚从学校回来的孩子："你还好吗？在学校过得怎么样？你开心吗？"孩子因此明白发生在他们身上的事很重要，他们的感觉、想法也很重要。虽然这样问没错，但难道发生在其他人身上的事，以及其他人的需求和感受就不重要了吗？

关注孩子可以让他们感到被爱和被呵护，增强他们的归属感，鼓励他们表达自我。然而，他们也需要有同理心，需要有与他人共情的能力。如果家长让孩子参与一切可能参与的活动，孩子就能学会关注他人和他人的经历。只有关注他人，才能丰富社会情感，建立与他人之间的深厚关系。

第五个因素：制造借口

依据阿德勒的理论，造成回避的第五个因素是制造借口。借口让回避者无须付诸行动就可以获得社会公认的"特例许可"。回避者明白自己的态度与社会对人们的要求不符，所以他们得为自己找一个社会认可的理由，一个不履行社会责任的借口。

为什么不作为也需要借口呢？阿德勒认为，人类作为社会性动物有三大任务，只有完成它们，人类才能得以生存，生生不息。

第一个任务是用辛勤的汗水换取"面包"，也就是我们今天所说的工作。工作是维持生计的手段。工作除了能维持一个人的基本生活需求，也反映了一个人的能力、爱好和创造力，同时能促进一个人内心世界的发展。

当然，工作并非只与生存相关。工作的另一个目的是帮助人们维持相对良好的状态。

第二个任务是爱情，也就是我们通常说的伴侣和婚姻。通过爱情，人类能够满足性本能，并找到身心的归属感。同时，爱情和两性关系也是人类繁衍生息的基础。

人类是一种脆弱的生物，只有依靠群体生活才能确保其生存。因为需要依靠他人，人类必须学会适应环境和相处之道，以便与他人团结一致，这便是第三个任务——社交。在一生中遇到的人，可能会成为我们的同事、邻居、挚友。要维系这些人际关系，我们就要给予他人关怀，并具备合作的意愿和能力。

阿德勒认为，生命的意义在于如何应对人生目标，以及选择何种方式完成这些目标。社会的生存及延续，关键在于其成员能够依据社会生活的逻辑，各尽所能地分工协作。社会不会容忍逃避这份责任的成员，也会严厉地评判这种行为，就像幼儿园老师会批评玩耍后没有整理玩具的小朋友，小学老师会批评没有完成作业的学生，父母会拿蛀牙和细菌吓唬不刷牙的孩子。

任何社会群体都为其成员提出了合乎逻辑的要求：参与社会事务，承担生存所需的责任，通过某种方式（例如纳税）为他人做出一定程度的贡献。社会对于其成员逃避合作的行为会给予严惩，并表现出愤怒、失望、批评、拒绝、惩罚、排挤和羞辱的反应。因此，选择回避是要付出高昂代价的，回避者需要极有说服力的借口。

艾布拉姆森在他的书中写道，回避者将回避作为维护自尊心的策略，但同时也意识到不完成任务会伤及自尊，因为他们知道逃避责任、为他人增添负担的行为是不可取的。他们不愿看到他人因此感到失望、愤怒或悲伤，而且这样对于他们自己也没有好处。他们心里想做的和实际选择做的之间存在一个差距，一个应由行动来填补的差距。

那应该怎么办呢？怎么做才能既不用付诸行动，又能避免批评，同时保持尊严？答案就是找个借口。清晨一觉醒来无精打采的人不会在电话里告诉办公室的人"我今天一点儿也不想工作，我们明天见"，而会说"我今天不太舒服，我很抱歉"。

我们都会利用理由和借口来缩小我们本应该做的事和实际上做的事之间的差距。

制造借口在维护自尊心和他人对我们的评价方面发挥着重要作用。不信的话，你可以试试这样做：在接下来的 24 个小时里，无论做任何事都不要解释，也绝对不要道歉。不许说"抱歉我迟到了"，或解释"发生了一场车祸，交通堵塞了"；不许使用"因为"这个词，尤其不能用"我需要""我必须""我应该"这类说法；不能说自己的不是，即使心里想"我真笨，居然把这件事给忘了"，但不能说出来。

你很快就会发现，你根本做不到。当我们影响到他人又不加以解释的时候，我们就会陷入一种无处可藏、岌岌可危的境地，就好像自己一丝不挂地暴露在他人眼前。我们利用借口和歉意填上了我们本应该做的事和实际上做的事之间的缺口，也填上了期待和现实之间的缺口。

我们可以借助借口达到三个目的：做自己想做的事而不是

做自己应该做的事,避免触怒他人,让自己感觉没做错什么。当我们不找借口时,便不得不向自己和他人承认,我们实际上并没有那么好。

为什么接受并承认自己不完美这么难呢?因为我们认为犯错和失败会降低我们的价值,减弱我们的归属感。可以说,自尊心是人格的核心,它具有巨大的影响力。当我们的自尊心受到威胁或伤害时,我们会尽最大努力去保护它、修复它。在由阿奇·尤塔姆撰写、艾布拉姆森编辑的杂志中,作者把归属感的重要性比作呼吸:如果我们的呼吸道堵塞,我们就会尽最大努力让它畅通。

复杂的借口:合理化和过度自我批评

当我们感到自尊心受到伤害时,就想要修复它。很多时候,我们会通过找借口来把事情"合理化",以此来修复自尊心。治疗师丹尼尔·怀尔在他的书中写道,人类的精神生活就是不断努力为自己辩解的过程。

通过辩解,我们见不得人的一面或被美化,或被隐藏。辩解让我们感觉良好,也维护了我们的自尊心。辩解有助于我们缓解紧张情绪,但也阻碍了我们修正错误、完善自我。这种自我欺骗的"合理化"是"温柔的伎俩",限制了我们的成长,也让我们很难察觉他人的痛苦和难处。比如在夫妻生活中,其中一个人以需要安静为理由逃避家务、拒绝沟通或避免身体接触，另一个人就会因此感到失望、沮丧或孤独。

除了把事情"合理化"，还有一种找借口的方式，那就是过度自我批评。按照常理，自我批评会暴露一个人的缺点，然而我们仔细观察回避者的这一行为会发现，他们自我批评的原因其实是为了维护优越感。

一般来说，一个人自我批评是在表明对自己不满意，因为他感受到自己的现实情况和对自己的期许之间的差距。有针对性的自我批评是谦虚的表现：一个人承认自己犯了错或没有做到理想情况，因此感到惭愧和失望，试图做出补偿，并尽可能补救和改正错误。这类自我批评是真实的，体现了一个人谦虚的态度和对成长、进步的渴望。

然而，与上述自我批评相比，回避者的自我批评不具有针对性和建设性，而是一种以偏概全的过度的自我批评。他们会说"我什么都做不好""真是一塌糊涂""我恨我自己"，而不是寻找犯错的原因，例如"我太冲动了"。这样的自我批评只会让一个人更加关注自己，而不会促使他采取补救、补偿或改善措施。

回避者进行过度自我批评有什么目的呢？在回答这个问题之前，我们不妨想一想：自我批评的反义词是什么？答案是自我接纳，承认自己就是自己，接受自己的各种局限。自我接纳是承认自己无论当下还是未来都不会是完美的。

与此相反，如果一个人不接纳自己，就会拒绝承认自己的缺陷。在他看来，自我接纳就等同于承认自己平庸——回避者最怕的一件事。因此，在回避者的过度自我批评中，我们发现他们依旧自认为高人一等，或者至少在朝着这个目标努力，而不是接受平凡、普通或不完美。

通过自我批评，回避者无须努力做出任何改变就能获得优越感，简单至极。

与过度的自我批评相似的是过分的自我接纳，即不加任何评判地接受自己所做的一切。过分自我接纳的人不会承认自己的局限或缺陷，而是不断说服自己，认为自己所做的一切都没有问题，无须修正。这样，他们就不用承担痛苦，不用坦白任何事情，也不必接受自身的不完美。但受苦的是他们周围的人，因为与一个过度自我接纳的人交流就好比对墙说话。

但愿我们能搞明白究竟是谁的过错

借口是一个人为自己和他人编的故事，用来解释为什么自己没有做应该做的事情或真正想做的事情。艾布拉姆森指出，用编故事来找借口的人总是反复讲述同样的故事，这故事最终成了他的名片。

回避者的故事都是为了说明所发生的事情不由他做主，他对这些事无能为力。他们找借口的目的是解释为什么事实不符合自己和他人的期待，比如"我的工作没有长进是因为没有得到妻子的支持""我没办法学习，因为孩子们还小，需要我的帮助"。

一个人利用借口传递出的信息是这样的：我本来能在……方面大获成功，要不是因为……剔除借口后，剩下的只有没完成的事情，比如"我的工作没有长进""我没有学习"。这类话语通常会伤害回避者的自尊心，但如果是某人或某物使得他们未达成目标、辜负了他人的期待，而不是他们自己的原因，那么他们就更容易接受这个结果了。

另外，"觉得自己在某方面不够好"也是一种常见的借口。举个例子：一个人声称自己不擅长学习语言，所以他不仅不能进修语言相关的专业，不能从事任何有外语要求的工作，还不能踏出国门。但这是缺乏说服力的，因为这个人根本没有在学习语言上付出努力，也没有寻求过合适的学习方法，他可能只是短期尝试了一下，或者根本没有尝试，就给自己找了个借口。

做一件事的能力来自训练。一个人想做成一件事，不应该问"我是否擅长做这件事"，而应该问"我是否真的想做这件事，并愿意付出一切必要的努力，尽可能完成这件事"。

和习惯找借口的人不同，成功者不会将错误归咎于他人或环境。下次，当你想用"由于……的过错"或者"事情变成这样是因为……"这类话解释放弃或者失败的理由时，请只讲到理由之前的部分，比如将"我没有完成博士学位，因为我必须全天工作"变成"我没有完成博士学位"。

超级借口：症状

当回避成为习惯，回避者在逃避生活任务，尤其是与维持生计相关的任务时，借口便不够用了。在这种情况下，回避者就会以心理或身体症状为借口。这种方法着实有效，因为谁也不会指望一个病人能够正常地完成任务。

阿德勒理论的一大基本原则是"目的论原则"，即生命中包括思考、情感和行为在内的所有活动都是为了达成目标。阿德勒学派并不探寻情感和行为背后的原因，而是关注情感和行为所追求的目标。

举个例子，当悲伤或害怕时，阿德勒学派的学者不会试图弄明白它们产生的原因，而是会探究产生这些情感的目的。阿德勒认为，人类可能为了某个目的而使自己产生身心问题。

为了确定某种症状是为某个目的服务还是由某种健康状况引起的，德雷克斯一般只会提出一个问题："假如这种疾病或症状无缘无故地消失了，你会有什么不同的举动？"如果回答是："我不会有别样的举动，我该做什么还是做什么，只是不再生病了。"那么德雷克斯就会认为是患者的身体健康出现了问题，而非心理问题。相反，回避者对于这个问题的回答一般是为了能使其免于行动。比如，当我们向某个人提问："假如你不是抑郁症患者，你的行动会有所不同吗？"如果他的回答是"那么我会去工作"或者"那么我肯定会照顾子女"等，我们就可以初步判断这个人的抑郁症与避免行动有关，甚至是为避免行动而编造的理由。

无论是身体症状还是心理症状，抑或两者结合，如果症状是为了某个目的服务或为逃避找的借口，患者也许会拒绝服用药物，因为药物很可能剥夺他们的借口。

一般来说，这种患者会下意识地为拒绝服药或治疗找理由，比如"这种药对身体不好""我没有病"。并且，患者在接受治疗或服用药物的同时还会声称这些行动对他没有帮助。通过真实案例我们可以看到，回避者并不会采取有效措施缓解自己的症状，而是不断寻找"最适合"自己的治疗方案。

是目的，而非理由

在与各个研究领域的专家交流的过程中，我发现只有研究完美主义和阿德勒学派的治疗师意识到了期待过高和回避之间的重要联系。

人在不利的情况面前情绪会变差，在面对可怕的经历、不确定的事以及新的挑战时会感到恐惧。只要这些情绪变化是有限度的、暂时的、不影响日常生活的，就都属于正常反应。但如果焦虑或恐惧不断蔓延，妨碍到了正常生活，我们就不能再视其为对于某个特定情形的反应，而是有必要问问自己这些情绪的目的。

产生症状的主要目的有两个：一是获得无须面对目标的许可，二是为失败和表现不佳找到借口。假如回避者有座右铭，它一定是"好的,但是……",因为这样说可以让人逃避不想做的事情,并无须承认自己的作为有失公允。

回避者认为自己是真的很想做事,但就是做不到。正如阿德勒所说,症状让回避者认为"我知道自己应该做这件事,我也希望尽到本分,但由于这个症状,我做不到"。假如回避者一定得说"我不想做"而不是"我做不到",就很难维护自己的自尊,因为他知道自己的选择损害了他人的利益。此外,假如不用症状充当借口,他人不会愿意帮助回避者完成任务。尤塔姆指出,症状让人无须行动、免受责罚,还可以成为失败的借口。

德雷克斯指出,孩子在很小的时候便明白了一个道理:坦白不良用心是最让大人恼火的。因此,为了免遭拒绝和责骂,孩子从小就学会了隐藏自己的真实意图。然而,长此以往,我们不仅对他人,甚至对自己也隐藏了真实意图。如果一名患者愿意在治疗过程中承认自己不愿工作,参加工作面试的唯一目的是把它搞砸,这就是很大的进步,因为患者不再欺骗自己和他人了。

前面讲到过,回避者并非有意识地选择回避,而是在沿用一种曾经奏效的策略。因此,只有当患者意识到自己是问题的一部分时,他才能开始解决问题。

焦虑，一种"有效的"症状

我们在面临挑战或担心失败的时候会恐惧。对于积极的人来说，恐惧可能会妨碍他们，但不会让他们停滞不前。在很多情况下，对失败的恐惧会促使积极的人准备得更充分。

而对回避者来说，恐惧和焦虑是阻碍他们行动的原因，也是他们不付诸行动的借口。在回避者的眼中，他人是潜在的"检察官""法官""刽子手"，而不是同路的伙伴。回避者以"谨慎行事"和"退避三舍"作为防卫措施。从长远来看，这种做法的后果难以估量。

正如我们先前所述，很多时候，回避背后藏着不切实际的期望。一名 28 岁的电影编剧分享了她的恐惧："我必须时刻保持创造力，一直满足导演、观众的要求，如果哪天我想不出新点子，或者交不出剧本，我就完了。"我问她："同事、同行、观众点赞的数量是判断你的工作进步或倒退的依据吗？"她回答："当然是。"

焦虑的人一次又一次地在心中默念"我还不够好"。我听到过一名女性这样讲述："某件衣服不合身就足以把我击垮。我打开衣橱，挑了一件我最钟爱的衣服，穿上它之后，我突然觉得不合身，因为我胖了不少。从那一刻起，我就无法出门了。因为这件衣服是我为将要出门去做的事而精心挑选的，现在计划泡汤了。"

我的很多患者都是才华横溢的人。他们都有能力也有条件过上幸福快乐的生活，然而每当无法实现不切实际的目标时，他们都感到郁闷和恐惧。我的一名患者埃坦说："当一个人到达某个顶峰后，就再也没办法停歇，也没办法对自己说'即使没发生什么特别的事，我也感到快乐'。"

阿德勒与回避

回避会带来长期的、重复的行为模式。回避者难以适应环境，对负面评价极其敏感，他们是逃避社会活动和工作的人，是由于担心受到批评、羞辱、嘲笑、拒绝和陷入尴尬局面而不愿行动的人。回避者认为自己不配获得应有的社会地位，他们会自卑。在众人面前，他们很容易变得小心谨慎，对于批评极度敏感。他们会高估外界的风险，认为自己很容易受到生理或心理症状的影响，并将这些症状作为回避的借口。

回避型人格障碍患者的主要目标是避免蒙羞。为了实现这一目标，他们会把活动区域限制在自认为安全和确定的范围内，只寻求与他人建立理想化的关系，只在确定无风险的环境中行动。他们感到自卑，对人际关系抱有不切实际的期待，过于看重自尊。此外，回避型人格障碍与其他常见的心理疾病之间存在着紧密的关联。

结 论

> 一般来说，当一个人认为自己无法圆满达成他所设定的目标时，便会回避。我们借助艾布拉姆森的研究认识了造成回避的另外三个因素：纵容、社会情感淡薄、制造借口。

当今社会，父母都想让孩子拥有一个无须经历困难和挫折的快乐童年，因此很容易纵容孩子。作为全家人关注的焦点，被纵容的孩子长大后面对不那么轻松、愉快和有趣的挑战时，会感到难以应付，因为他们缺乏意志力和应对挑战、解决问题、为达到目标而努力奋斗的能力。

社会情感是个体对社会的认同感，表现为个体能与他人共情，愿意在生活中礼尚往来。

由于社会不允许个体逃避社会责任和分工合作，回避者就需要编造借口，例如制造症状。

艾布拉姆森描述了为回避者设计的治疗方案的框架：为了让他们重新行动起来，我们需要考虑造成回避的所有因素，例如维护回避者的自尊心，帮助他们认同水平观念，放弃不切实际的目标并设立可行的目标。回避者应接受相关训练，学习如何付出努力并加深社会情感。对回避者进行治疗后，他们的心理症状会有所缓解甚至消失。

05　回避的方式

阿德勒将回避的方式分为四种，每一种都有各自的特征。

这四种回避方式分别为：停滞不前；向前进，向后退；在有进展的情况下制造障碍；完全后退。"停滞不前"是指一个原本积极的人在完成目标的途中停下脚步，比如一个人被伴侣抛弃后拒绝建立新的亲密关系；"向前进，向后退"是指制造一种积极行动的表象，但没有为达成目标做出必要的努力，因此也就没有进展，比如一个人因为无论什么都学得很快而失去了深入学习的兴趣；"在有进展的情况下制造障碍"是指在专注于真正重要的事情之前，总是找出需要处理的其他问题，比如有些艺术家认为自己不具备创作的场地、设备或环境，因此无法专心创作；"完全后退"是指拒绝投身于生活中的任何领域，通过制造严重的心理症状进行自我防御，比如成瘾。

阿德勒认为，我们所有人某种程度上都是回避者。如果我们认为自身的回避行为不会危害他人，也不会让自己陷入深深的苦痛之中或妨碍自己过上有尊严的生活，那么便有可能与回避行为"和解"，因为我们明白自己不是全知全能的。在这种情况下，我们可以专注于更重要的事，留意事物的积极方面，并感恩现在拥有的一切。

在完成任务、解决问题、做出决定和达成目标的过程中，我们每个人都时不时会做出一些回避行为。我们每个人都能列出一份清单，写出理论上该做却还没做的事情，比如办了年卡却不能坚持去健身房，再比如无法坚持早睡早起的生活方式。当然，我们也能想出有创意、有说服力的理由，为自己无法做到这些事找到借口。那么，怎样的回避才算严重，或者说是可以被称为一种病呢？

根据阿德勒的观点，判断一个人心理健康的标准是其社会情感的"浓度"，即对社会和他人的关注，以及同理心、能合作的程度。一个人的能量和成就感会随着其社会情感浓度的增加而提升。例如，一个人不会独自去健身房运动，但如果和朋友约好，就能做到每天去锻炼；一个人很难改变他的饮食习惯，但如果和家里人一起调整饮食结构，吃健康清淡的食物，就会容易很多。

由此可以得出结论，要评估一个人回避行为的严重程度，必须确定这个人在多大程度上拒绝为家庭和社会付出，以及是否为他人增添了负担。不进入职场、没有收入、不参与家庭事务和子女教育等都属于严重的回避行为。换句话说，回避行为影响他人的程度越深，其严重程度就越重。

第一种回避方式：停滞不前

适当的"停滞"是必要的。登山运动员在途中安营扎寨，是为了休整、恢复体力，为接下来的行程做准备。在完全或部分达成某个目标后，我们需要给自己一点儿时间休整。曾经，在我感到学业没有进展时，我的导师让我做了一件令我惊讶的事。她说："现在什么也别做，去看一场电影，明天再给我打电话。"有时我们需要等待机会；有时我们需要完全放弃目前毫无进展的方向，转而寻求另一个方向。然而，如果停滞的时间过久，并且没有再次行动的迹象，就成了"停滞不前"。到了这个地步，一开始我们会感到安心、稳定和平静，但到了后来，我们会感到茫然、无聊甚至堕落。

阿德勒说，人们往往会在面临一个新挑战时选择回避。当一个人不相信自己能成功应对挑战时，便会停滞不前，选择逃避。同样，如果一个人之前在一件事上失败过，就很可能不会再次尝试。

长期停滞不前意味着一个人踏入了虚假的"舒适区"，在这个区域内没有挑战，也无须付出巨大的努力。这种舒适区可谓是一个"甜蜜的陷阱"。在这里，美好的感觉会逐渐消散，但我们会被困在其中，最终受伤、感到虚弱，但离开它又让我们感到恐惧。

这里有几个停滞不前的案例：罗莎在一所师范学校上了三年学，但她没有提交自己的毕业论文，最终未获得学位证书。

马科斯一开始在一家大型企业做快递员，后来他被提拔，走上更重要的岗位，但他不想承担更多责任，决定不再为了晋升而提升自己的能力。托马斯被一个精英培训课程除名了，他情绪低落，直接退出了这个行业。自从萨拉的前男友把她抛弃后，她再也没找过新伴侣。

停滞不前的人会觉得自己受到了阻碍，感到失落和沮丧，这些情绪最终会耗尽他们，让他们失去所有能量。停滞不前的人不愿付出任何努力来改变现状，其典型症状有失眠、健忘、强迫行为等。

停滞不前的人先前是积极的，但在某一时刻选择了停滞。停滞不前是一种程度较轻的回避行为。

第二种回避方式：向前进，向后退

"向前进，向后退"又可以叫作"倒退式回避"。与停滞不前不同，这种回避方式表现为频繁的运动——只运动，不前进，比如浪费时间，或是把精力花在无关紧要的事情上。举个例子：玛丽在着手完成某个重要任务之前总会强迫自己整理房间，因为她觉得房间不整洁就没法集中注意力。关注不重要的细节和拖延都属于这种回避方式，其特征是表面上有所行动，但时间却被浪费了。

采用这种回避方式的人最常用的策略就是"深思熟虑"。深思熟虑原本是好的，它意味着停下来审视自我，检查现实情况和目标,评估各种选择的优缺点,以便做出正确的决定。然而,如果是为了回避,那么我们就会对各种可能性绞尽脑汁、没完没了地推敲,结果什么决定也做不了。长时间的深思熟虑说明一个人更愿意保持原地不动,也就是逃避。

面对这些犹豫不决的人,他们的家人、朋友甚至是治疗师都时常感到困惑,毕竟一个人仔细考量自己的决定和选择是有必要的。就这样,他们瞻前顾后的时间越来越长,甚至不知要持续到何时,新的信息又会不断为他们做决定制造困难。

深思熟虑让回避者逃避任务和对失败的恐惧,这有一箭双雕的效果:我仍做不了某事的原因在于我还没决定好怎么做更合适。

巴勃罗和劳拉是一对交往了四年的恋人。劳拉今年二十九岁,她想结婚,但巴勃罗说他非常爱劳拉,只是还没有决定要不要结婚。巴勃罗说:"我还需要一点儿时间。但我认为除了劳拉,我不会再和其他女人在一起了。"这些话表明了巴勃罗的真实意图——不想结婚。因为他没有做出结婚的行动,即使他不想和劳拉分手。假如他对劳拉实话实说,说他仍想和劳拉同居,而不想承担婚姻、家庭的责任,劳拉没准会提出分手。

巴勃罗如果不做决定,就无须做出承诺、组建家庭,也不必和劳拉分手。同时,在自己和外人看来,他目前的状况还不错。艾布拉姆森在他的书中说到,尽管巴勃罗长期犹豫不决,劳拉还是和他在一起,这表明其实她也并非真的想结婚。她对自己说想结婚,而且只想嫁给巴勃罗,因此等着他来做决定。

如此一来，劳拉就可以将责任推给巴勃罗，而无须向自己和他人坦白是她自己不想结婚。假如劳拉真想结婚，她会抛弃这个不愿和她结婚的男人，寻找一个愿意娶她的人。

那么，为什么巴勃罗要"演"得好像一切看上去都很正常？原因在于回避者知道人们对他们的期待，也非常了解社会对个体的要求，因此他们必须为自己不付诸行动而找到理由。假如他说出实情（我想继续和你在一起，但不想结婚），他会被视作自私的人，因为社会要求情侣之间要考虑对方的需求。

假如巴勃罗接受阿德勒疗法，我们会指出他不想结婚又害怕失去劳拉的事实。我们会建议他考虑劳拉的需求，不要让劳拉产生不切实际的期待。假如劳拉接受阿德勒疗法，我们会直接告诉她巴勃罗不想娶她，并请她反思为什么她无法相信自己配得上一个足够爱她并能和她组建家庭的人。但请放心，我们在传递这些信息时会非常照顾患者的情绪，充分尊重患者的选择，并相信每个人都有能力做出新的选择。

有时，在经历了一次直截了当的治疗后，我们会问患者："这次治疗给你带来了什么？"大部分患者会回答："我不知道，我感到困惑。"注意，长时间感到困惑也是为了不做决定或不采取行动。因此，下回我们如果感到困惑，不妨问问自己："要是我不觉得困惑的话，我应该做什么？"

一个感到困惑并想尽可能看清事实的人会分析现有的信息，确定自己的目标，权衡利弊，听从自己的想法和心声，同时顾及他人的感受，得出结论并做出决定，最终完成行动。世上没有完美无缺的选择，也没有无须冒险和努力就能获得的成就。任何选择都伴随着痛苦，这种痛苦包括放弃其他选择和为了达成目标而付出的努力。

另一种"向前进，向后退"

除了深思熟虑，"向前进，向后退"的回避方式还包括拖延，即推迟行动。拖延的人常说"太遗憾了,实在是来不及了"。举几个例子：拖延报志愿，结果过了截止日期；迟迟不发送工作简历，结果想申请的岗位已经确定了人选；耽搁预订机票，结果舱位已经被订满；即便知道迟到是一种对他人不尊重的行为，却依旧在某些活动场合迟到。

大学毕业后，我拖了好几个月才向相关部门递交专业资格认证的必要文件。等我终于办好了手续，认证的规定又变了，我不得不再上一年专业课外加上百小时的艺术课程。这次教训根治了我的拖延症。

拖延是各种逃避责任的方法中最常见的一种，也和纵容有关。

我看过一场有趣的演讲，演讲者是知名作家和演说家蒂姆·厄本。厄本说，拖延症患者的大脑中有一只"即时满足的猴子"和一只"能做决定的猴子"，患者被这两只猴子操纵着。每当"能做决定的猴子"决定做些事时，"即时满足的猴子"便会引诱他们做点儿简单愉快的事，比如去看看冰箱里有什么吃的，或者看看视频平台上的推荐视频。由于这些事情耗费了时间，留给我们完成任务的时间就不够了，真遗憾！

厄本还指出拖延的两个结果：一是拖延带来的苦涩，二是"最后一分钟"现象。

拖延带来的苦涩指拖延症患者感受到的快乐并不真实，因为快乐应该对应功劳，而他们的心里充满了责怪、恐惧、苦恼和自我憎恨。痛苦是所有回避者的"忠实伴侣"，拖延症患者承认现实的需求，却选择对本该做的事情说"不"。

"最后一分钟"现象指经历了一次又一次拖延后，在截止时间临近时才开始行动的现象。当截止时间临近，拖延的后果愈发严重，拖延症患者开始惊慌失措，想尽一切办法把工作完成。

但厄本没有意识到，拖延既是目的，也是借口。也就是说，拖延是一种避免面对过高期待的方法，因为这种期待一般都是自欺欺人的，需要用借口来弥补。例如，如果在最后一刻才行动起来写一份报告，我们就可以接受它不够理想，因为想要做好这件事的时间不够了。

研究显示，拖延症和过高的期望或完美主义之间存在紧密关联。拖延会削弱个体的行动力和安全感，从而增加对未来的恐惧。请记住，生活是需要我们面对的，拖延并不能让事情变得更容易。

拖延症患者延迟的是行动，而积极行动的人延迟的是满足。延迟满足是把注意力放在未来的生活以及未来的"我"上。延迟满足的能力是一种为了获得未来更重要、更持久和更真实的满足感而舍弃即时满足的能力。

第三种回避方式：在有进展的情况下制造障碍

根据阿德勒的描述，第三种回避方式是为自己设置障碍，为没有行动或行动不充分找理由，或者强调在"重重困难"下付出的行动是有价值的。这种回避的程度相对较轻，因为回避者毕竟有所行动。

这种回避方式的一种表现是以诱惑为借口，让自己花费精力去抵抗诱惑。比如一个人想戒糖，但他说他没办法把家里的甜食都清理掉，理由是"孩子们不应该因为我而承受不能吃甜食的苦"或"说不定会有客人来"。这类人往往会奋力抵抗诱惑，因为如果成功了，他们就是"英雄"。正如艾布拉姆森所说，他们的主要目标是不沦为"普通人"。

另一种表现是使自己的生理症状进一步加重。这类人总觉得身体不舒服，总因为某个原因感到难受。他们时而身体虚弱，时而感到疲乏、消化不良、皮肤敏感、肌肉紧张……然而，尽管有上述问题，他们依旧能够维持日常生活。他们会抱怨，也会竭尽全力与症状"斗争"，但不会为消除症状采取必要的行动，比如服药或接受治疗。

此外，他们会制造很大的动静让其他人都知道"即便如此，无论怎样，我也做了自己应该做的事"。这类回避者希望得到重视和理解。如果得不到，他们会认为他人不在乎他们的痛苦，也不爱他们，这又会成为一个新的障碍。

还有一种表现是过分注重细节而无法从全局入手。这里指的注重细节不是为了锦上添花，而是单纯执着于细枝末节，比如过分注重日程表安排，固执地认为必须按照特定顺序来完成任务。这类回避者先制造障碍再克服障碍，既让人感到他们成了英雄或了不起的人，又可以为自己的平庸找理由。

第四种回避方式：完全后退

完全后退是最严重的回避方式，会伴随极度严重的症状，使一个人自我封闭，逃避生活中的一切任务。极度严重的症状包括晕厥、重度强迫症、成瘾、恐慌、恐惧症（尤其是广场恐惧症，即对公共场所的恐惧），甚至自杀。

完全后退表现在劳动方面，包括做家务、家庭活动和养育子女，也包括志愿者工作和奉献社会。为了逃避经济上的付出和自力更生，回避者需要一个强有力的理由，比如患有严重的身心疾病。

阿德勒认为，任何症状只有一个目的：通过远离人生目标来维护自尊。症状越严重，回避者就越能摆脱来自外界的各种要求。他们可以逃避一切个人和社会义务，只沉浸在自己的情绪中。因此，阿德勒认为，了解症状产生的目的，也就是了解患者想要逃避什么才是最重要的。

当一个人的严重心理症状持续存在且影响到正常生活时，

我们应先了解这种症状产生的原因。治疗失败或患者拒绝通过服药来缓解症状的原因之一，是这种症状不是患者所面对的问题的根源。真正的根源是：由于期望过高而产生自卑感，或在纵容的环境下长大以致社会情感薄弱。

治疗这一类型的回避者颇具挑战性。运用同理心来缓解他们的痛苦并不难，但几乎不可能让他们有所行动，哪怕是做最轻松的事。当治疗师要求回避者行动的时候，回避者很可能放弃治疗。

> **案例描述**
>
> 马科斯今年28岁，他在父母的推荐下——更确切地说，是在父母的施压下——来到我的诊所接受治疗。他打算放弃已经读了三年的学业。事实上，他已经三个月没有去上课，也没有完成作业了。
>
> 他在一家水疗中心找了一份按摩师的工作，但还没有工作多久，就已经开始拒绝上晚班，理由是晚班让他"筋疲力尽而且得到的报酬少得丢人"。马科斯和父母住在一起，父母不要求他承担家庭开支，他也不做任何家务。
>
> 眼看先前支出的高昂学费已经打了水漂，马科斯工作也不尽力，父母变得不耐烦且易怒："你至少得

> 完成学业，这样至少能有份工作！"之后，马科斯开始抑郁。他的症状让原来生气的父母担心起来，父母又变得很宽容。我问马科斯："你想从这个治疗中得到什么？"他说："找到合适的工作。"然后，他提出了一个不太符合现实的想法：他只想做自己喜欢的事，即使这件事不能带来收入。并且，他希望得到他人的理解和支持。

结 论

回避有几种不同的方式。"停滞不前"和"在有进展的情况下制造障碍"是相对较轻的回避方式，因为回避者近期或目前在某种程度上采取了一定的行动。"向前进、向后退"更严重一些，因为回避者很难有所收获。"完全后退"是最严重的回避方式，有时甚至会危及性命。"完全后退"的回避者会逃避劳动，这是非常严重的，因为这种行为将自身的生存压力转嫁给了他人。此外，回避行为越严重，回避者及其身边的人遭受的痛苦就越大。

06　回避的收益

一般来说，改变会让人面对一定的困难，承受一定的痛苦。当维持现状所需的代价超过其带来的好处时，就意味着改变该开始了。如果一个人坚持走某条路，就意味着走这条路得到的好处大于付出的代价。也就是说，任何选择，甚至是最不理性和最具毁灭性的选择，其产生的收益都必定大于付出的代价。

我们被生活训练得更容易看到消极经历的代价而非收益，或者只能看到积极经历的收益而非代价。因此，若我们能看到消极经历的收益和积极经历的代价，会对自身大有裨益。

积极的人更多地关注他们的选择带来的收益，较少关注他们付出的代价，而回避者更关注自己为选择付出的代价。我们来看一个例子。

有位女士决定举办一场完美的聚会。这样做的收益是这场聚会给她带来成就感：体验到成功，获得"年度女主人"的称号，这次聚会将成为未来几周内人们讨论的话题。而这样做的代价则是花费大量时间、精力、金钱。怎样才能迫使她把聚会的水准从完美降为不错，或是寻求他人的帮助呢？答案是让代价大于收益。假如她在准备这场聚会时感到非常疲劳，这种疲劳持续多天，她无法恢复精力，她就会意识到自己由于操劳而无法享受聚会，也许就会因此改变想法，降低标准。

那么，回避会带来哪些收益？正如前文所述，回避的目的在于维护自尊心，其收益也是如此：不行动的人不会暴露自己，不冒险的人不会受伤。有一回，我参加了一场名为"共情对抗"的会议。治疗师通过直截了当的反馈与患者"较量"。我的同事哈吉特把这种直截了当的反馈比作"立刻爆炸的炸弹"。这种治疗方式是我擅长的，会上介绍的案例也不复杂，我本可以轻而易举地完成讨论。但我却保持沉默，没敢举手，因为我想：我何必在这么多同事面前拿自己的名誉冒险呢？

为了改变，我们首先必须能看到改变带来的收益，以及放弃回避行为带来的收益。

在大部分情况下，刚开始改变时会令人痛苦，之后才会给人宽慰。我喜欢把这种感觉称为"美好的困难"：一种可以带来新生的痛苦。

回避最隐秘的收益：对优越感的幻想

对优越感的幻想是回避带来的收益，如果没有它，回避将失去意义。这种收益让人相信自己有可能达到优越、非凡甚至完美的境界。

回避能让人相信目前的生活并非他应该拥有的生活。回避者以自己的行为向其他人宣告，自己不愿意过一种达不到理想标准的生活：要么应有尽有，要么一无所有，没有中间选项。换句话说，保持这一幻想的回避者在想象中将自己的地位置于他人之上。

> **案例描述**
>
> 诺拉今年39岁，是一名优秀的律师，她来向我咨询关于组建家庭的事。当我问及她以前的伴侣时，她说："那些人都不符合我的要求。"诺拉详细讲述了她与四个前男友分手的原因，以及她拒绝潜在男友的理由。和许多女性一样，诺拉心目中有一个理想的男性形象。她明确知道，一个女人遇到灵魂伴侣时的状态和感受，可她认识的男人里没有一个符合她的标准。"我何必要妥协呢？"她多次这样说，一脸嫌弃，仿佛有人强迫她吞下一只恶心的蟾蜍。

诺拉没有意识到，实际上她已经做出了妥协——单身。她想寻找伴侣，因为她深感孤独，她羡慕那些已婚和怀孕的朋友。但她为什么不改变呢？为了理解诺拉在如此不悦的情况下不做出改变的原因，我们须要看一下不改变的收益：只要诺拉没有做出选择，她依旧可以相信她的命运不是拥有普通的伴侣，而是拥有出色的伴侣。假如她结婚，就等于承认并接受自己与他人并无二致，满足于平凡的生活。只要她不放弃自己的标准，她就可以保留幻想，并在内心深处蔑视那些"将就"的人。

为什么说对优越感的幻想是回避最隐秘的收益？这是因为，与他人的生活做比较时，回避者会感到自卑。他们明白自己做得比别人少，拥有的也比别人少。然而在内心深处，他们认为自己更优越，超过了所有满足于现状、甘愿过平凡生活的人。

摆脱回避的关键在于放弃幻想，放弃"只有高人一等才有价值"的想法。然而，回避者将这种放弃视为投降、溃败和羞辱，因此放弃幻想对他们来说很难。放弃幻想约等于接纳自我，而接纳这个词语对回避者来说意味着放弃、让步和妥协，隐藏着哀伤、失落和痛苦。

缩小现实和理想之间的差距有两种方式：一种是努力达成目标，另一种是对现实做出妥协。回避者对这两种方式都不感兴趣：第一种方式要求我们投入大量的精力，但无法确保能够成功；第二种方式要求我们做出让步，放弃不合理的目标，转而设立可实现的合理目标。因此，回避者宁愿活在自己的幻想中，也不愿意回到现实生活中。

理想与现实的差距

假如问回避者他们想做什么、想成为什么或者希望生活中发生什么，大部分回答不会太特别：拥有伴侣和家庭，有一份有趣且报酬可观的工作，等等。那么，为什么说回避者总有不切实际的目标呢?

在我做治疗师的这些年里,我发现回避者的目标即便看起来很平常,但总隐藏着不切实际的成分。举个例子,有一回,我问一名患者她的爱好。她说她非常喜欢烹饪,接着又带着歉意说:"但我没达到烹饪大师的水平。"你们看,回避者会通过一个超常的参照物来评判一个平常的目标是否完成。如果一个人喜欢烹饪却不将其作为自己的职业,那就没有必要成为烹饪领域的佼佼者。

练 习

在脑海中想象一个未来场景并畅游其中。在这个场景中,一切都如你所愿。想一想:那里会发生什么?你在做什么?你变成了什么人?

当想象的画面变得清晰,对比一下,未来的生活与你目前的生活有关还是毫不相关?你已经开始为了这种生活而行动,还是尚未迈出第一步?

还可以做个相反的练习:想象自己回到了五年前或十年前,回想一下当时的愿望和期待。你梦想得到什么?你渴望什么?你希望做成什么?然后回到现实,观察你目前的生活。你已经实现了哪些梦想?现在与之前相比有哪些不同?你是否为梦想付出了努力?你的生活是否有所改善?

我们渴望实现的目标和可能实现的目标之间总是存在差距。回避者与积极行动者的区别在于目标是否可行，或是在明知永远达不到完美的情况下，是否依旧会朝着目标努力。

回避是对舒适感上瘾

回避的另一个收益是获得舒适感。要达到目标很难，甚至会令人不适。为了达成目标，我们需要有意志力，需要构思行动的每一步，最后采取行动。

举个例子，我们都希望身体健康、精力充沛，身材好一些，外表漂亮一些。要实现这一切，我们需要过健康的生活，坚持做几件再简单不过的事：按时吃饭，只摄入健康的食物，最好是有机食物；多运动，多到户外走走；每年做一次体检，根据年龄选择检查项目；减轻压力，放松精神……

无论何时何地，我们都有两种选择：舒适或不适。选择舒适很简单，也能带来即时的好处——快乐和安宁。而不适的选择则需要我们付出努力，做出取舍，也意味着得到即时的痛苦。

吃一块蛋糕比不吃容易，待在床上比出门容易……然而从长远来看，选择短期的舒适需要付出高昂的代价。如果我们和朋友出去玩而不好好准备考试，如果我们熬夜看电视剧而不去睡觉，如果我们由于没有精力管教孩子而允许他们随心所欲……从长远来看，如果我们能不出去玩，忍住对剧情的好奇，教导孩子不允许他们任性，我们的收益会更大。

在绝大多数情况下，延迟满足带来的收获不是暂时的，而是长久的。即时满足能带来快乐，而延迟满足意义重大。

谁来帮我

任何人都有自己的需求、愿望和责任，生活即行动。那么，为什么回避者总能做出"舒适的选择"呢？原因在于，在大部分情况下，回避者的生活中有某个亲近的、有责任心的人，默默接受甚至愉快地承担了回避者没有完成的事情。大多数回避者发现，即使自己不完成某项任务，也会有人来帮助他们完成。

这些帮助他们的人有时是父母，有时是伴侣。他们有责任心，行事稳重，有奉献精神，能够持之以恒，做事积极且效率高。

只有在有人愿意帮助或服务的情况下，回避才会发生，这也是一种纵容导致的现象。我们已经知道，纵容不仅可以使人愉悦，也会使人麻痹，人们会对纵容上瘾，而且很难摆脱。回避者被纵容，因此表现出拖延、懒惰和被动的状态。做不愉快的事情会让人感到不适和为难，被纵容的人无法忍受这种不适和为难，因此他们不想做不愉快的事。

在某些极端的案例中，患者描述了自己在现实生活中的颓废和无所作为，甚至在最基本的生活任务中也是如此。我经常通过比喻来与这类患者交流："依我看，你的情况好比得了一种肌肉无力的疾病。你缺乏做事的力量、意愿和能力。这种肌肉退化虽然严重，但可以逆转。你必须长期住在一所康复医院里，慢慢学习如何做那些普通人能轻易完成的日常活动。你必须学会放弃一些你想做的事，也必须做一些你不想做的事，即便这些事不能给你带来快乐和舒适感。你准备好了吗？"

回避是手段，报复是目的

回避还有一个收益是实施报复。阿德勒认为，回避产生于社会环境。因此，我们要问问自己，回避行为针对的对象是谁？想要回答这个问题，我们首先要探究，除了回避者本身，还有谁会遭受回避的困扰。

有些时候，回避者借助自我伤害去伤害身边的人，并指责他们应该对自己不堪的现状负责，并让身边的人因"自食其果"而感到痛苦。这是回避行为不太为人所知的收益——报复。举个例子，如果子女长大成人后过得不好，无法发挥自己的潜能，父母会感到心痛。

有些回避者认为，父母把过高的期望寄托在他们身上，只有获取成功或做出某些形式的服从，才能得到父母的爱。比如，某位著名大学教授的儿子明明年轻有才华，却每门课都考不及格，他这样做只为伤害他的父亲。当这个年轻人身边的人问他，像他这样优秀的人怎么可能门门考试都不及格时，他会带着讥讽的表情回答说："实在太难了。"

我们给予所爱之人的关爱越多，担忧就越多。因此，回避者身边的人会因其受苦而难过。

有一回，一名年轻的患者坦诚地对我说，当她有什么好消息或感到快乐时，她不会告诉她的父母。正因为如此，她的父母只能偶尔从第三方口中得知她的好消息。这就是一种报复。

如果一个小伙子的父母想向他表达喜悦之情："有人说看到你和一个姑娘在一起散步。"可小伙子立刻浇灭了父母的热情："没有这回事，我们只是泛泛之交，她不是我的女友。"你们看，只要儿子不开心，父母也不会好受。假如儿子一切顺利，事业有成，感到幸福和满足，那么父母也会认为自己很称职。

报复还会带来重要的收益：补偿。

回避者身边的人向其提供的补偿可以是金钱，也可以是服务。众多心理学家认为，任何现有的创伤都源自父母在受创伤者童年时期犯下的错误。因此，很多接受治疗的人都会欣喜地发现，父母才是该负全责的人，他们经历的一切都是由于父母对他们期待过高、太过挑剔、不够爱他们、不倾听他们的心声、不鼓励他们表达情感或不懂得如何对待他们导致的。

这是一个年轻人责怪父母时说的话：就是因为你们对我抱有不实际的期待，我才陷入抑郁。我什么都做不了，都是你们的错，你们应该为此付出代价。

除了责怪父母，回避者还总是责怪伴侣：经济条件不好，食物不合口味……

我接待过一位30岁的患者，他与父母同住。他认为父母应为他缺乏安全感负责，因为他觉得父母总是偏爱小他两岁的妹妹。因此，当他的妹妹有了未婚夫后，他对未来的妹夫说了很多妹妹的坏话。我问他："你认为自己受伤了，所以才那么想毁掉他们的快乐吗？"他回答："我认为他有权知道真相。"这则案例可以让我们清楚地看到，回避者会把自己的糟糕境况归咎于他人，以真相和正义的名义实施报复。

每当回避者执着于责怪和报复他人时，我会试着这样切入对话："在我看来，你的生活就像一个遭遇了地震的村落，一切都毁了，什么也不剩。那能怎么办呢？你面前有两条路，一条很艰难，另一条很糟糕。艰难的路是你小心翼翼地逐一捡起地上的石块，用耐心和努力，从零开始，在这堆废墟中重建你的家园。糟糕的路是你坐在废墟上号啕大哭，直到生命的尽头。更糟糕的路是你向任何经过你身边的人扔石块。"

结　论

回避可以让人在失败面前，更确切地说，是在"平庸"面前筑起防御墙。只要不去行动，就不用冒险。回避可以让人保留优越感。回避还可以带来舒适感，并让人通过指责和报复他人来缓解自身的痛苦。

07　回避的代价

我们或许可以这样总结回避者的内心想法：我自己无与伦比，因此我必须比他人过得更好。没有任何人，甚至是我自己，知道我能做什么以及我有多少价值。我不做任何让我感到不适的事。如果我不快乐，那么让别人也去受苦吧。

日常生活中的代价

回避在日常生活中造成的代价是心理痛苦，其程度直接关系到回避的程度和持续时长。心理痛苦的表现方式多种多样，比如内疚、自责、担忧、恐惧、嫉妒、无聊、抑郁和自卑等。回避者还会因他人对待自己的态度而痛苦，因为他人会表现出失望、轻视或愤怒。

回避还伴随着对无所作为产生的实际后果的担忧。可是，即便回避者不会对自己的处境完全视而不见，他们的担忧也不会转化为行动。

回避者常常感到无聊，因为他们放弃了日常任务和人生目标，所以很难填满一整天的时间。感到无聊的另一个原因是回避者认为乐趣来自外界，即所处的环境，他们不想从自己身上寻找乐趣。回避者会通过增加睡眠时间或沉迷于电子游戏等方式来消解无聊。

回避者有时会因为自己微不足道而痛苦。他们的愿望很远大，精力却很有限。有时，他们悲哀地发现自己能力不足，看着身边的人在进步，自己却止步不前。大多数回避者不会羡慕朋友平庸的生活，因为他们相信自己会拥有不平凡的未来。此外，随着回避者对他人依赖程度的增加，对自己的信心会逐渐减弱，他们的羞愧感也会与日俱增。之后，即使有人帮助他们完成了日常任务，他们也不会感到快乐，反而会感到愤怒和失望。因此，他们会采取批评或施压的方式对待他人。

不幸的是，这种与日俱增的负面情绪还会加剧回避者的症状，成为回避者又一个痛苦的来源。

如果一个人逃避生活的主要任务，长期不工作，甚至不努力找工作，或一心想着最好的职位而不愿意接受任何不满意的岗位，那么他必须为此付出额外的心理代价。阿德勒认为，各种回避行为是回避者给自己无所作为和不与他人合作找的借口，并借此维护自尊心。回避型人格障碍的症状还常伴随着巨大的精神痛苦，这种痛苦是消极的想法和情绪，包括悲伤、绝望、恐惧、空虚、羞愧和孤独。

最大的代价：浪费生命

我们可能认为，精神痛苦是回避者所付出的最为沉重的代价。毫无疑问，这种代价确实令人难以承受，但还称不上是最大的代价。一个受苦的人会把注意力集中在痛苦上，并努力缓解痛苦，因此他无法关注自己所处的环境，比如阳光和周边美好的事物。因此，症状和精神痛苦掩盖了他正在浪费生命这一事实，而这才是回避者所付出的最大的代价。回避者以弥足珍贵的生命为代价，换取了通过幻想来维护的自尊心。

回避最大的代价是浪费生命。生活是当下发生的事情的总和。阿德勒认为，回避者处于生活之外，远离纯净的空气和阳光。生活是一种独一无二的体验，每个人的生活都是不可重复、无可比拟的。时间会流逝，唯一真正属于我们的就是当下。生活就是活在此时此刻。如果一个老年人回望过去时发现，他未曾好好利用时间，缺乏勇气，一无所成，没有爱过也没有被爱过，也许他会感到深深的悔恨。总而言之，人不会因为做出尝试却未取得成功而感到悔恨，只会因为没有勇敢面对生活和无所作为而感到悔恨。

> **案例描述**
>
> 　　有一回，一名年近七十的患者来到我的诊所。他从未上过学，没有任何技艺，几乎没工作过，也没有组建家庭。他感到孤独，他的绝望和痛苦难以言表。
>
> 　　在同一天稍晚时，我遇到另一名情况相似的患者。她35岁，从未有过伴侣，也没有要好的朋友。虽然她学习的专业在外人看来很有前景，但她不愿以此谋生，理由是"新手的工资少得可怜"。她打了几份零工，与父母同住，经济上几乎完全依赖父母。她感到绝望和孤独。
>
> 　　我可以预想到，她在70岁时会和之前那位老人一样。我也设想，假如那位老人能早一点儿接受治疗，也许他的生活会截然不同。

指责已经无效

　　回避者在最好的情况下会被认为是倒霉的"可怜虫"，在最坏的情况下则会被看作"懒汉"。举个例子，有时我们会看到父母怜悯他们的某个儿子，而他的兄弟则会觉得他是在装模作样。如此一来，在父母眼中，这个儿子软弱无能；而在他兄弟眼中，他好吃懒做、爱贪便宜。

回避者认为自己别无选择。他有自己的需求、愿望和梦想，但无法脚踏实地，即便焦虑和抑郁，也别无选择。

选择回避的人不知道还有哪种更好的途径可以维护自尊。我们应该理解回避者的选择，因为一个感受到威胁的人会尽其所能地保护自己，不惜付出高昂的代价。因此，一个人不应因选择回避而受到谴责，因为回避是一种无意识的选择。

艾布拉姆森常用一个比喻来形容回避者在自由选择方面遇到的困难：一个人在一个房间里，认为房间只有一扇门，想要出去只有一个选择，那就是通过这扇门。只要他没有察觉到其他隐藏在帘子后面的门，他便无法找到别的出路。换句话说，只要回避者无法了解自己力所能及的其他可能性，就无法做出新的选择。因此，我们不应责怪他们做出了错误的选择。

结　论

回避者需要付出代价：长年累月的精神痛苦和浪费生命。

为什么会有人接受这样的交易呢？这是因为他们没有更好的方法来维护自尊。如今，我们已经清楚回避的代价和收益了，我们将在下一章了解回避者怎么做才能重新踏上通往美满生活的道路。

第一章总结

阿德勒认为，生活是一场通向发展和超越的运动。当一个人怀疑自己的价值时，这场运动就可能被迫中断或偏离到错误的方向。如果发生这种情况，一个人就会专注于自己，他的自尊心会成为其世界的中心，所有的精神和物质资源都会集中在维护自尊和舒适感上。回避源自深刻的自卑，而这种自卑源自垂直视角。受垂直视角影响的人会不断将自己与他人比较，失败就等于失去了价值。感到自卑的人往往会设定优越的补偿性目标，渴望超越他人，做到完美。

拥有垂直视角的人可能采取不同的行动来实现不切实际的目标：一种是积极的，另一种是被动的、回避的。根据阿德勒的观点，选择积极还是被动取决于三个方面：第一，他在多大程度上相信自己有能力获得成功并达成目标；第二，他付出努力的意愿有多大；第三，他的社会情感有多深厚。

那些选择积极行动的人自认为能够取得显赫的地位，他们明白想要成功就必须努力，并愿意投入必要的精力和资源。同时，他们认为自己的行动很重要也很必要，他们有动力去克服恐惧。但是，他们必须付出高昂的代价，比如为了成功而整天生活在压力和紧张之下，以及任何成功都无法令他们满足太久。他们的生活会失去平衡，长此以往，就会感到疲倦。

那些选择不承担责任的人自认为自己无法实现远大的目标，也不愿意付出努力。阿德勒认为，不愿努力的根源是童年时期被纵容。被纵容的孩子的延迟满足、应对困难和解决问题的能力会较低。童年时期被纵容的人不会设立长期目标和规划实现目标的必要步骤。另外，回避会不断削弱人的斗志。

回避者会感到越来越难以行动、投入和坚持。同时，回避者社会情感薄弱，他们关注的对象主要是自己。社会情感薄弱不仅会影响人的行动效率，也会使人难以建立友谊，很难付出爱和体验亲密关系。

回避是一种违背社会需求和普世价值观的选择。人们不看好那些逃避责任的人。因此，回避者必须想好如何解释自己的无所作为。这种解释可以是理由或借口，也可以表现为症状，如焦虑或抑郁。

由于症状是为了解释回避而产生的，因此从长远来看，那些单纯缓解症状却不探究其根源的治疗方法没有太大作用。阿德勒疗法试图向患者解释"不够好或达不到完美等同于有缺陷"这种假设，让患者理解这些假设是错误且荒谬的，从而改变患者的思维模式和观念，进而改变患者的感受方式，促使患者选择新的道路。随着患者的自尊心和社会情感的增强，其症状也会逐渐减轻。患者的态度从防御转为参与，从回避转为应对。

回避的收益是能够抵御失败、保留对优越感的幻想、获得舒适感以及实现报复，而回避的代价则是精神痛苦和挥霍生命。治疗回避的关键是要认识到生活不是我们理想中的模样，即便如此，我们面对生活时也应充满活力和勇气。

这么做的难度有多大？我们将在第二章揭晓答案。

2

回避
与行动之间
的桥梁

08 一场通往实现的运动　09 转换思维——突破旧有的错误逻辑
10 行为的转变：从回避到行动

我们将在第二章引导回避者积极接受成长目标和人生挑战，与他人建立有意义的联系，并为自己规划切实可行的人生愿景。

对于已经决定从回避向行动转变的人来说，首先必须解决以下关键障碍：低自尊水平、追求不切实际的目标、缺乏行动力以及社会情感薄弱。回归日常活动的过程包含两个方面：一是认知重构，即改变思维模式；二是行为重塑，即通过系统训练恢复行动能力。

认知重构是发现新方案的过程。改变思维方式可以让我们识别那些会导致不良情绪和行为的无意识反应，以不同的方式体验生活。比如，如果我们不觉得自己的自尊心受到伤害，就不会害怕面对挑战。那么，哪些思维方式是必须要转变的呢？

首先，回避者有必要重建自尊。为了达到这个目的，我们应该采用水平观念重新评估自己，以建立客观的自我评估机制。

德雷克斯将这一过程叫作"社会价值认知矫正",即摒弃某些个体价值取决于错误且不现实的标准的想法,例如追求完美。水平观念可以帮助回避者将不切实际的目标转换为可实现的目标。如果一个人固执地认为自己必须"与众不同"才有价值,其认知体系就会贬低常规目标的实践意义,导致他很难应对平凡的日常事务。

在构建水平观念的同时,我们也需要进行自我接纳的训练。自我接纳可以让人从自我价值与过高目标之间的不良关联中解脱出来,并激发个体对日常生活的积极性。从垂直观念到水平观念的转变表现为将过高目标替换成可实现的目标,同时对可实现的目标的价值表示认同。这种转变也包括专注于现有的、可实现的和真实的事物。

行为重塑指让回避者行动起来,强化他们的个人能力,加深他们的社会情感。行为重塑主要涉及两个方面:一是更加关心社会,二是提升承担日常责任的能力。鉴于对回避者的了解,我深知对于回避者而言,付诸行动极其困难。为此我设计了一些简短的练习,帮助他们实现转变。但我必须提醒回避者:只有通过持续的行为实践,才能引发神经可塑性改变,从而重构思维模式。

这一章的内容会指导回避者修正错误的思维模式,教他们从小事做起,逐渐拥有能够促进思维模式重构的力量。

08 一场通往实现的运动

阿德勒认为，人生是一个从自卑走向超越的过程。值得注意的是，阿德勒理论中的自卑不仅指病理性的心理状态，也包含推动个体发展的正常心理机制——当个体觉察到自身在生理或心理层面的某种缺失（如能力不足），这种认知会转化为行为动力，促使个体采取行动。

与此理论形成呼应的是心理学家亚伯拉罕·马斯洛的需求层次模型。马斯洛阐释了需求的等级，他用金字塔形象地展示了不同级别的需求：当某一层次的需求得以满足时，更高层次的需求就会显现并成为主要驱动力，一般来说，层次越高的需求越抽象。

马斯洛认为，当一个人拥有满足感和安全感时，就会产生归属、求知和被重视的需求；一旦这些需求得到满足，就会出现更高层次的需求，即审美需求和自我实现需求。自我实现的需求即个体实现自身潜力的需求。

之后，马斯洛又进一步扩展了上述模型，并指出人类的需求分类为匮乏性需求和成长性需求。前者来自环境压力，是由于缺乏某种东西而产生的，比如对安全的需求，体现为要求社会环境安全、生命财产得到保护；后者源自内在的价值，它是对自我的重视，表现为自信、自控力、骄傲、自由和独立。与马斯洛的观点不同，德雷克斯认为归属感是人类最基本和最重要的需求，只有通过奉献社会，一个人才能确保自己立足于世，才有机会留下自己的印记。

很显然，我们永远无法长时间保持满足感。我们总想得到尚未拥有的东西，总在寻求发展，达成更多目标。同时，我们理解并接受生命是一场通往自我实现的运动，一次永远无法到达终点的旅程。当我们认识到生命在于过程，就不会时常感到不满，也不会再认为"这件事本不该这样"或"我们没有处在本该达到的位置"。当我们摆脱对理想终点的执念，转而建立起对过程价值的认知体系时，便能获得心灵的自由。我们为了完善和实现自我的努力越是积极，我们的人生经历就会越丰富、越有益，而这与成功的次数无关。

我想做，但我不做

人的一生是持续成长与自我突破的历程，我们为了缩小现实和理想之间的差距而不断努力。在人生旅途中，一个人不断积累经验和教训，逐渐显现自己的潜能。这一过程让我们重新认识自我，明确人生方向，并逐步提升自己的能力。就像先前提到的，推动我们前进的是内心需求和不足之处，它们转化为行动的召唤和各种各样的情感。有时这些需求是积极的，比如期待、希望、好奇心和对某事的追求；有时这些需求是消极的，会带来无聊、停滞、失望、苦恼和愤怒等情绪。

有时，理想和现实的差距产生于人无法控制的情形或事件，因此结果无法改变，比如失去挚爱的人。在这种丧失之痛中，一个人需要逐渐接纳无法挽回的事实，为自己的生命找到新的意义。

即便我们无法挽回失去的东西，还是可以通过行动和付出扩展现有的生活。换句话说，痛苦的程度不会改变，但当我们增加了生命的厚度和意义，痛苦就不会占据生命的全部。最终，我们将有能力承受丧失所带来的苦痛，即便忧伤和眷恋仍在，我们也能接受现实，重拾生活。

通常情况下，多数人有能力通过付出努力和动用资源，缩小现实和理想之间的差距。比如一个感到无聊的人会为自己寻找新的乐趣，比如读书、看电影、找人聊天、出门散步或报名参加课程学习等。

然而，回避者宁可因理想和现实之间的差距而痛苦，也不愿付出任何努力。比如那些因感到孤独而渴望亲密关系的人。按理说，这种愿望可以促使他走近他人，努力寻找伴侣，重建过去的友情或者结交新友。然而，如果这事发生在回避者身上，即便他们了解自己痛苦的原因，也知道自己想要什么、该做什么，他们还是什么都不会做。假如我们问他们为什么不作为，他们可能会说"我太累了，没力气出去玩""我很沮丧，没兴致""无论如何都不会有人注意到我""我没精力倾听他人的问题"等话。

自我设限违背了人类趋于自我超越和自我实现的天性。对于那些不积极弥补现实和理想之间的差距的人，我们称之为"回避者"。回避是一个人因自卑而感到气馁的结果，是自卑催生的防御机制。回避者通过专注自我而获得虚假的满足，以逃避人生挑战。

请注意：捷径不存在

一个人决定不再回避并重启生活的情况一般有三种：第一种，回避者感到自己已经无法忍受目前的痛苦；第二种，回避者认识到回避行为的代价是浪费生命；第三种，那些包容回避者的人改变了，他们不再继续包容。

遭受巨大痛苦的人会产生终结痛苦的欲望和改变生活的动力。当人们跌入低谷时，会醒悟，会想用尽最后的力气爬出谷底，继续前行。大多数具有重大意义的改变都在紧要关头产生，那一刻看似没有出路，好像"注定"要不断重复接受痛苦且沮丧的命运。

我并不是说所有回避者都陷入如此绝望的境地。相反，我不认为必须步入极端才能促成改变，当我们感到不满意或停滞不前时，这份感受也能成为改变的契机。然而在有些情况下，只有巨大的痛苦才会激发出改变的动力和斗志，促使一个人做出脚踏实地地付出行动、努力寻找解决方案的行动。解决方案有很多，但没有任何一种方法能瞬间改变生活，因为这种"神奇配方"根本不存在。世界上没有任何秘诀可以保证我们只需想一想而无须付出努力和承担风险便能实现梦想。

放下防御

改变是一个持续的过程，其基础是对自我和世界形成的积极且富有成效的想法和信念。在改变的过程中，我们需要明确以下思想：首先，回避是一种应对世界的策略，这些策略曾经奏效，但目前不再适用；其次，我们生来就有价值，也值得被尊重，这种尊重不受限于任何条件，换句话说，我们应该建立水平视角的自我评价坐标系。在此认知基础上，以积极的行动重建自我就可以实现改变。这些行动可以是微不足道的，但需要我们持之以恒。行动的目的是培养自信，强化行动能力和贡献能力。改变不是一个线性过程，整个过程必然是反复与曲折的。不要因为跌倒而害怕，更不要因为失败而灰心丧气。跌倒和失败是改变过程中的一部分，我们要坚持行动，无论过程多么艰难，都要牢记：退缩才是最不可取的！

比尔·普洛特金在其作品中将童年早期形成的夸张防御策略比作一支在战争结束后仍旧活跃的军队。这是一支在海难中幸存下来的军队，他们在战后数年依旧被困在偏远的岛屿上，不知道战争早已结束。他们每天都在计划如何离开小岛,去完成出发时得到的军令。正因为如此,他们难以接受战争已经结束、之前的努力只是徒劳,今后也没有努力的必要这一事实。

普罗特金说,许多人为了生存而战斗,宁可面对物质匮乏的情形,也不愿遭受伤害或羞辱。不少人为了捍卫自尊心,被迫压抑了一部分情感、欲望和激情。"失败等同于失去价值"的观念可能让人过度谨慎或退缩,让人的自尊心不断降低。在垂直观念中,人的价值通过比较、批评或重要人物表达出的态度体现,这会不断贬损人本身的价值,让人不得不建立起防御机制。

随着时间的推移,这种防御机制带来的伤害要大于起初对于伤害的回避,让回避的代价与日俱增:一个人先是开始感到"错失良机",沉浸在痛苦和沮丧的情绪中,随后感到生活被无止境的空虚包围。之后,陷入这种痛苦状态的人觉得没有做好采取行动和提升自我的准备,也无法与他人保持亲密关系。即便极度渴望与外界交流,他们也无法付出任何东西,更不相信自己拥有任何有价值的东西。

因此,我们可以体贴入微地告诉回避者:"你现在的任务是找到生活中符合自己志向和天赋的新工作,你有能力选择自己想成为什么样的人,想做什么事,想结交什么人,以及靠什么照顾自己。因此,你无须贬低自己并缩在原本的小岛上。"

结 论

  人的天性让我们永远不会感到满足，总是渴望得到更多。把生命过程看作实现目标的一次次行动而不是一场场追求成功的竞赛，可以让我们从价值不足或不够完美的痛苦中解脱出来。在水平观念中，我们越是努力，越是积极向上，机会就越多，就越能过上充实而满足的生活。

  现实和理想之间的差距可能让我们感到焦虑和痛苦，也可能让我们心潮澎湃。无论如何，我们的目标就是努力缩小这个差距。人类天生追求成长和自我实现，而回避行为则背离了这一追求。

  只有当回避者意识到自己已经浪费了许多宝贵时间，或者已经走投无路的时候，才会有改变的可能。改变是一个漫长的过程，它包含了心灵的成长、认知的重构以及行为的转变。

练 习

思考"回避"一词及其近义词,如"逃避"和"退缩",试图想象这些词的形象。"回避"对你来说是什么样子的?尝试想象一个可以代表"回避"的画面,它可以是不断变化的场景,也可以是一个虚构的卡通形象。观察它,并思考它曾经帮了你什么忙。向它表示感谢,因为它曾经保护并协助了你,然后告诉它如今你已不再需要它了。最后,努力想象这个画面逐渐消失不见的场景。

09 转换思维——突破旧有的错误逻辑

当我们更新对现实世界的看法时,便开启了思维转换进程。阿德勒认为,人自出生之日起便逐渐构建对世界、生命和个人的认知。到了五岁,我们的大部分认识趋于稳固,形成一副用以观察世界的"透镜"。爱比克泰德说,人类对世界的认知并非直接反映客观现实,而是经过主观的理性加工。这些思维模式在儿童时期定型,它们无法用语言表述,无法被意识完全捕捉。

因此,我们对自我、世界的认识可称为"私人逻辑"。这种个人独有的逻辑构成了每个人的思维框架,是我们解读现实世界的独特方式,但我们往往意识不到这是一种主观解读,我们经常会认为自己看待现实的角度是客观的。举个例子,一个觉得自己数学不好的小姑娘会认为自己无法通过数学考试,因此花时间学习数学对她来说没有意义。因为没有好好学数学,所以她每次数学考试都会失败,这又会强化她的认知:"你看,我说得没错吧,我学不好数学。"

大多时候，私人逻辑与普遍的大众逻辑是一致的，因此如果有人持不同意见，我们会觉得他缺乏常识。但是在某些情况下，大众逻辑会强化个人已有的错误观念。

由于私人逻辑的存在，某件事带给人的体验并不是由事件本身决定的，而是取决于我们的解读。对于"某人渴望申请某个职位却遭到拒绝"这件事，每个人看法不一，有人认为这再次证明申请人一文不值，有人则认为是申请人不走运，还有人会认为这个世界不公平。

对于回避者来说，他们的私人逻辑常包含以下错误判断："我不够好""我必须做到完美才具备价值""按理说生活不该如此困难""在疗愈好自己之前，我没工夫顾及他人"。

因此，回避者首先需要承认，很多时候是他们的错误观念造成了不好的后果，而固守错误的思维模式会让他感到自己总是有道理的和正确的。换句话说，他们需要换一种方式看待世界，并承认他们之前的思维模式是错误的。

在那些无须努力攀登、无关紧要的领域，我们比较容易调整自己的思维模式，比如某人向我们展示完成某项任务相对有效的方法时，我们的反应也许是"真有趣，我还不知道可以这样"。然而，在涉及与我们关系更为密切的事件时，我们很难承认自己犯了错。

我们可以通过这个练习来理解上述说法。请以"我不能"为开头造句，然后将其改写为以"我不想"开头的句子。改写后，问问自己：这句话依旧有效吗？大部分情况下，答案是肯定的,除非你填了一个不切实际的目标,比如"我不能靠自己的力量飞"。

对于那些我们不愿承担责任的决定,我们往往倾向于对自己说"我不能"。"我不能"一般等同于"我不想为这个决定付出代价"。从"我不能"到"我不想付出代价"的思维转变意味着我们看待行动的视角发生了转变。这一转变的好处是我们意识到自己不是没有行动能力的,我们可以做出选择和决定;坏处是我们不能再用借口掩护自己了,每个人都要对自己的决定、行动和过失负责。

思维模式的转变可以带来新的可能。比如,一个人如果自认为没有机会做成某事,便会感到绝望和悲观,从而回避这件事。假如他能转变思维模式,从"我不能"转变为"我对这件事还不够了解",他就会感到乐观、充满希望,并努力尝试。曾经有位咨询者犹豫是否要提交自己的作品参与评选,我问她:"几年后回看,你会觉得哪种情况更糟?是你的作品没被选上,还是你没有尝试投稿?"她的回答是:"我之前没这么考虑过。"从那一刻起,她的思维模式转变了:原来不提交作品比作品未入选更糟糕。随着思维模式的转变,情感也会发生变化。情感是行动的能量之源,情感的变化会带来行动的变化,从而改变我们的生活。

思维模式的转变至关重要,这种转变可以带来新的可能性。我们不能确保获得成功,但我们肯定可以积累经验。

练 习

想象一件曾让你感到愤怒、沮丧或生气的事。回忆事情的来龙去脉,细节越详细越好。然后回忆你是如何解读这件事的,对于发生的一切有什么感想。对于这件事,你当时做了什么或打算做什么?如今,对于这件事你有什么看法?现在,试着换一个角度来解读这件事。比如,你过去认为某个同事迟到很久是不负责任的表现,现在你要想想其他可能的原因,比如他迟到是由某些无法控制的情况造成的。有没有可能你们相约的日期对他来说不方便,或者他认为见面让他感到紧张和不适,因此他故意迟到?如果你想不出其他解释,请把这件事告诉另一个人,请他帮你解释。现在,来问问你自己:新的看法和原先的看法一样合理,甚至更有说服力吗?如果你改变了对这件事的解读,你有什么感受?你的反应会有所不同吗?

有一回,一名患者激动地对我说,她对丈夫感到很生气,因为他不同意她再生一个孩子。"他根本不把我放在眼里。"我们聊了一会儿,然后我告诉她:"你将成为母亲视为生活下去的理由,每次生完孩子后,你都将自己全身心倾注在孩子身上。"她听后骄傲地回应:"没错!"

我问她："有没有可能在你丈夫看来，你们每次有了孩子，你都在一定程度上疏远了他？我觉得他很爱你，渴望有你的陪伴，也很需要你。"当我这样提出另一种可能性时，她愣住了，显然这是她从未考虑过的角度。回到家后，她认真倾听了丈夫的担忧，最终明白是自己没有意识到丈夫的需求。她不但忽视了丈夫的需求，还批评和责怪丈夫自私自利。在之后的几次咨询中，她开始思考自己是否能够平衡好母亲和妻子的角色。

培养能够"实时更新的思维模式"需要我们具备变通的能力，愿意接受意料之外的事物，并对自己固有的想法产生怀疑。变通能力的核心在于承认自己的局限性，并愿意让他人说服或影响我们。这种能力不是软弱的表现。相反，过度坚持自己的观点和意见而不加以审视才是缺乏安全感的表现。只有当我们对自己的观点保持开放和审视的态度时，才能真正验证这些观点。变通能力意味着既要以批判性的态度对待新颖的想法，又要准备好在必要时调整原有的观念。

第一个思维模式的转变：从垂直观念到水平观念

思维模式的转变不仅在于改变我们对现实的错误解读和导致我们选择回避的绝望态度，还在于认识到已被我们内化的社会模式。在一个社会中，假如人人都感到有价值且不受任何条件制约，那么就没有人会逃避。在本书的第一章，我们讲述了垂直观念：世界是一个大阶梯，人类必须不断攀爬才能证明自身价值。拥有垂直观念的人一般有两种选择：为了获得成功和胜利不屈不挠地攀登，或者为了避免溃败和羞辱而逃避。

阿德勒建议，我们应该以一种截然不同的世界观来认识自我与他人：这是一个不存在等级阶梯的世界，我们所有人都站在一个无限大的平面上，都能得到尊重并找到一席之地。这种水平观念不仅对社会和个人有益，还能带来更高效的工作表现和更和谐的人际关系。对于回避者而言，拥有水平观念是重新行动的关键，因为水平观念消除了坠落的风险，在一个不区分等级高低的社会中，不会有可供攀爬之地，个体的价值不会因与他人比较而增加或减少。

采纳水平观念后，我们可以摆脱对社会地位的过度关注，转而把时间用在自认为想做和有必要做的事情上。如此一来，我们的灵魂将更加平静，创造力和生产力会得到提升，人际关系也将更为融洽。

将努力"水平化"

转变思维模式意味着我们需要以水平视角去理解和诠释前进的过程，而不是把世界简单地视为需要攀登和竞争的阶梯。我将这种转向水平观念的思维过程称为"水平化"。

奥斯卡年近四十，已婚，是三个孩子的父亲。他有一份体面的工作，收入可观，是一名工程师。尽管事业有成、家庭美满，他还是感到迷失和空虚，并来找我做心理咨询。他说："我找不到自己的方向。"我问他方向指什么，他说："我想做一些不同凡响的事。"奥斯卡是一个典型的垂直派，尽管已经取得了种种成就，他还是感到自卑，因为无休止的竞争才是他所认同的生活方式，他总是渴望达到更高的目标，实现更宏伟的理想，因此之前获得的成功在他眼里都不值一提。

我问奥斯卡："假如你的梦想不是做不同凡响的事，而是做有益的事，你会觉得如何？"接着，我带着奥斯卡进行了一系列"水平化"练习，我说："水平观念中的努力意味着去做那些既能发挥能力，又能为他人和社会带来积极影响的事情。人类天生积极肯干、精力充沛，因此我们只要不因害怕失去归属感或自尊心而停滞不前，就可以真正地自由前行，尽最大可能与周围人共同创造更大的价值，而不是与他人竞争或树敌。最终，我们都能享受人生的旅途，而不是永远被困在垂直攀登的焦虑中。"奥斯卡慢慢地走出了迷茫和空虚。

通过奥斯卡的案例我们发现，哪怕只是部分或暂时采用水平视角思考问题，也能改变我们对世界的理解和行动方式。

因此，转变思维方式首先要改变我们的世界观，从垂直视角转至水平视角，并自我接纳。

> **练 习**
>
> 留意垂直观念的词汇：不同凡响、完美、优异、精彩、宏伟、冠军、身居高位、向上、向下、坠落、惭愧、羞辱……现在，把它们改成水平观念用语。观察这种语言的转变对我们的思想、情感和行动产生的影响。

自我接纳：至关重要的改变

当我们把目前所处的情形作为一个起点时，便是走出回避的开始。心理学家帕德里夏·迪根在一场演讲中表示，每个人都拥有一段与生俱来且独一无二的心灵疗愈之旅。迪根是心理学博士，青春期时曾被诊断患有精神分裂症。她通过自我疗愈，逐渐降低了住院治疗的频率，同时获取了相关的疗愈知识。通过努力，她改变了精神分裂症患者对治疗的被动态度。以下是她写的一段话。

"疗愈是一个转变的过程，在这一过程中，人类认识到自己的局限，并发现这个世界上的全新可能。当我们接受自己无法成为某人或做到某事时，我们便能发现自身独特的能力和价值。这是一个过程，也是一种理念和一条应对挑战的道路。这不是一个线性过程，而是一个漫长、崎岖、缓慢而艰辛的过程，但最终的结果会因其美好而让人惊叹。"

自我接纳首先需要我们停止幻想成为超越自身能力范围的人，坦然面对，承认人性的不完美，接纳我们的缺陷、错误和微不足道。令人惊讶的是，我们需要鼓足勇气，才能放弃不切实际的抱负和理想，勇敢地接受我们自身的价值。

与此同时，自我接纳为我们开辟了另一种实现抱负的可能性。我们渴望成为水平派，即更注重自我成长，而不是一味地追求出人头地。

以下是德雷克斯的一个演讲片段。

"我们本来的样子就已经足够好了。无论我们获得多少知识、技能、金钱和名声，都不会使我们变得更好。我们必须具备接受不完美的勇气。"

承认并接纳自己的不完美是一个渐进的过程，需要我们放弃幻想，放弃成为第一或超越他人的想法。换句话说，为了不再回避，我们必须放弃不切实际的幻想。自我接纳能够帮助我们消除成长道路上的一个关键障碍：对失去自尊的恐惧。如果我们无法接纳自己，便会对"成为最好"的幻想信以为真，进而拒绝面对现实与理想之间的差距。通过自我批评或否定来弥合这种差距是无意义的，真正的改变始于对自己的认可。正如路易丝·海在书中所言，自我接纳比自我批评更容易让人改变，而且速度更快，人们在改变时的态度也更积极。

每当陷入回避状态时，我们的关注点往往倾向于获得安全感而非成长。这种倾向源于行动的不确定性：每一次尝试都面临失败的风险，将我们置于脆弱的状态之中。选择安全感就意味着错失机会和限制自我塑造的可能性，而选择成长则需要承担自尊心受损的风险。然而，行动能带来经验的积累、知识的增长和对社会的贡献，我们会从中获得许多好处。更重要的是，这种自我接纳与成长的过程能够显著增强我们的自信心。

我们每个人都可以创造更包容的氛围，通过主动接受不完美，我们可以为他人营造一个更加宽容的环境。在这样的环境中，人们可以犯错而不用担心失去归属感或伤害自尊心。这种接纳的态度在实践中体现为不再批评和抱怨，而是将关注重点转向认可、赞赏和重视。

从自我接纳到自爱

自我接纳是一个漫长的过程。一开始我们会感到痛苦，但随着时间的推移，自我接纳的疗愈本质会显现出来。自我接纳教我们学会自爱。自爱并非完全忽视甚至纵容自己的缺点，而是在认清自己真实状态的基础上，学会善待并滋养真实的自我。自我接纳是对待自己的善举，但我们接纳自我的同时也要考虑他人。真正的自爱一方面在于承认自己的不完美，另一方面在于不断成长和自我超越。如果缺乏自我批评和对他人的同理心，自爱就变成了自恋。

为什么自爱和自我接纳对于改变回避心理如此重要？因为回避心理的主要成因是自尊心受伤，其目的是避免自尊心进一步受伤害。当一个人开始真正地接纳自己、善待自己时，才能建立起健康的自我和不脆弱的自尊心。自我接纳帮助我们腾出心理空间来关注那些更有意义的事，同时也是应对过度自我批评和内疚感的有效替代方案——当一个人能够真诚地接纳自己的不完美时，就不再需要用借口来自我欺骗了。

挑战、失望、挫折和失落是人类生活中不可或缺的部分。我们每个人都在自己的道路上前进，从面对困难到战胜困难，再到接受现实，我们要学会区分自己所能掌控和无法掌控的事、可行与不可行的目标、可逆转和不可逆转的事。持久的幸福感是自我超越和自我接纳共同作用的产物。超越意味着把精力投入能够改变的事情上，而接纳则意味着接受不可改变的事并放弃无法企及的事。

自我接纳有助于我们不再执着于过去已经发生或未来不会实现的事情，转而把注意力集中在唯一可以掌控的时刻——现在。这与回避形成鲜明的对比。回避使人无须面对"现在"的挑战，还意味着"未来"不会发生任何超出自己掌控范围的事，回避者也不会因为"过去"而遭到任何人的指责。

我建议大家在睡前反复听路易丝·海的冥想录音或类似内容，以训练自我接纳的能力。这类录音可以取代我们内心的充满批判性的独白。我们应该尽量远离那些承诺让我们变得卓越、高效、出名或富有的"自我赋能"内容，它们往往过于理想化且不切实际。此外，也可以做以下练习，这是阿德勒学派的治疗师常常使用的方法。

> **练 习**
>
> 请你在睡前思考或写下一天中所做的十件积极的事,无论大小,只要对你的生活产生了正面影响,都可以写下来,比如做了一个不错的决定、战胜了某个困难、考虑周到等。在记录过程中,如果脑海中出现消极或批判性的想法,请不要被这些想法打扰。我们要平静地将注意力移回积极的方面,并继续完成这个练习。

大多数人一开始可能很难找到十件积极的事,因为我们习惯于数落自己做得不好的事或没做成的事。如果这么做很难,不妨降低门槛,哪怕"今晚我刷了牙"这样的小事也可以被当作一件积极的事情来记录。很多人可能会觉得奇怪:"这种事值得写吗?""这太微不足道了吧!"我们很容易认为积极的事只与卓越、特别、令人惊叹和完美这类词有关。我建议大家克服这种想法,并坚持进行这个练习。为了能找到十件积极的事,我们必须考虑那些曾经认为不重要或不积极的事情。比如,对于"我在睡前看了太久令我着迷的电视剧,因此失去了几小时宝贵的夜间睡眠"这件事,不要纠结于自己浪费了时间,而要转换角度思考:"这部剧让我感到放松和愉悦,这是一段难得的享受时光。"

长期坚持这个练习的人会欣喜地发现生活中的种种改变。我们会意识到，美好和积极的事物通常并不是不同凡响的，因为生活是由无数看似平凡的细节构成的。

与自欺欺人不同，这种回顾总结不是在回避错误，而是一种基于事实的、既能接受现实又善于发现积极一面的独特视角。这个练习让我们认识到任何事物的含义都不是单一的，并学会欣赏这种复杂性。此外，我们能更坦然地接受自己的需求和决定，比如一个人可能会意识到无目的的娱乐活动的必要性，因此将其纳入日常规划。正如我们之前所讨论的，相比于自我批评和自我抨击，自我接纳更能带来积极的改变。

这个练习的另一个好处在于，它会促使我们随时关注积极的想法和行动，而不仅仅在睡前才想起记录这些美好。渐渐地，我们会发现自己一天中的情绪都会有所改善，在半夜醒来后也更容易重新入睡。此外，对生活细节的关注也会让我们更清楚地认识到自己在决策和行为上的优缺点，从而做出更多有利于自身成长的选择。在面临"做与不做"的选择时，即使我们选择了看似消极的方案，也能够清晰地意识到其中的负面影响及其代价，并且发现其积极的一面。也就是说，我们知道这是主动选择，而不会认为这是别无选择时的被迫之举。

在我的患者和学生中，坚持做这个练习的人普遍向我反馈，无论是在情感、学习还是工作问题上，他们都取得了显著的改善。然而，还有许多人即便在我的强烈建议下依然没有做这个练习，他们有的人声称忘记了，有的人声称不认为如此简单的行动会对他们有所帮助。为什么会有人拒绝一个如此简单且有效的行动呢？答案是它起作用的方式。

让这个练习起作用的方式不是付出一些微小的努力，而是自我接纳。当我们决定专注于事物的积极面和周边环境时，我们便放弃了对卓越、惊人或完美的幻想。对于坚定的垂直派来说，承认事物的积极面，原谅自己的不完美，肯定即便不完美也是有价值和值得称赞的，是非常困难的。

自我接纳的界限

自我接纳还意味着理解我们的行为并非总是正确的。需要注意的是，真正的自我接纳不是对任何行为给予无条件的许可。我不止一次听到正在练习自我接纳的人说："我知道我做得不对，但我接纳原本的自己。"这是不对的，我们不应接受那些明显有害的行为，哪怕这些行为不可避免。在这种情况下，我们需要自我超越，而非自我接纳。

我们不应接纳明显的负面行为，比如为了自我吹嘘而贬低他人的价值，工作半途而废或敷衍了事，为了谋取私利而撒谎，不尊重他人的时间等。一个人如果过于自私地将自己的利益置于现实需求、社会福祉之上，不顾他人的需求或权利，那么他的行为就不属于可以被自我接纳的范畴。

因此，无限的自我接纳只会适得其反，因为它成了负面和有害的行为"辩护词"，让人不再寻求改善方法。个人发展要求我们承认在某些方面做得不对并努力改正。我们承认某个行为不当的目的在于我们寻求改正的契机，而不是为自己辩护或找借口。

总之，做出不当行为后的自我接纳并不意味着一味进行自我批评或感到内疚，也不应是为自己的错误找借口，而应该调动所有的精力来改正错误并完善自我。同时，我们要知道，即便认识到错误并努力改正，我们仍然离完美很远，我们依旧会犯错，这种不完美正是成长过程中不可或缺的一部分。

自我接纳的价值在于真诚待己，以谦虚的态度放弃超越他人的幻想。透彻地洞察自我要求我们摒弃自欺欺人的想法，承认真实的自己。这种谦逊意味着我们要正视现实中的局限，并与自己的不完美和解。

看似高尚的自我批评

过度的自我接纳也可能导致回避并阻碍人的成长，因为一个人如果自认为完全正确，就不会觉得有必要改变什么。自我批评也是如此。正如先前所述，自我批评对于反思已存在的问题很重要，但如果超出了合理限度就会很危险：此时，自我批评不再是对个人行为的谦逊且真实的审视，而是演变成了一种自我审判，人们试图用自我批评来证明自己进行了所谓的积极行动，此时我们所做的只是批评和厌恶自我，而不是改变。

这种自我批评让我们觉得自己比那些接纳不完美自我的人

更加高尚，因为它暗藏着一个观点：只要没有变得完美无缺，我们就不会接纳自己。在这种逻辑下，假如我们接纳了自己，就等于承认我们并不完美。这样，自我批评使我们在精神上"弥合"了现实和理想之间的差距，也为我们自身的懒惰和懈怠提供了借口。

过度的自我批评助长了回避行为，内疚感也会如此。当一个人在违背社会情感的情况下行动时，便会产生内疚感。内疚感并不是由于对他人真诚的同情和担忧而产生的自然情感，而是一种借口。

当我们知道或承认自己做得不好时，内疚感会让我们"舒心"。德雷克斯指出，当我们意识到自己本该做却未能做某事时，便会产生令人备受煎熬的内疚感，它往往会在事后萦绕在我们心头。比如，有婚外情的人会对自己的配偶和孩子感到内疚，这是因为他们在不忠行为后对家人撒了谎，还因此怠慢了家人。但是假如他们在做出不忠行为之前就产生了内疚感，也许就不会犯错了。

正如尼采所言，内疚感是一种不道德的情感。相比之下，对内疚感的恐惧则是抑制那些可能导致内疚的行为的有效方式，它能让人们在行动前预判行动可能带来的负面结果，从而帮助人们做出更明智的决策。综上所述，过度的自我批评和内疚感的目的都是为自私的行为找理由，拉近实际行动和本该实现的目标之间的差距。

与其苛责自己并陷入内疚的泥沼，不如真诚地评估自己的行为，并在此基础上明确未来的方向。接受原本的自我，放弃一切不切实际的幻想，并结合现实的情况做出更为理性的回应与反馈。回避行为的根源在于强烈的自卑感，自我接纳、自爱是克服回避行为的有效途径。

第二个思维模式的转变：把现实的期待作为行动的条件

为了不再回避，我们必须放弃不切实际的目标，重新找回实现可行目标的积极动力。不切实际的目标是任何人都无法达成的，比如完美无缺或一直成功。可行的目标是那些相对于当前状态能够有所进展的目标，是通过必要的努力就可以实现的目标。

我们要求回避者放弃不切实际的目标，把精力集中在可实现的目标上。放弃不切实际的目标对于回避者来说很困难。在阿德勒职业心理学校的心理疗愈培训课上，艾布拉姆森讲述了一位名叫戴维的患者的案例。戴维，四十岁，是一名艺术家。虽然他很有天赋和创意，能够专业、高效地完成任务，但他几乎不怎么工作，只能勉强维持生计。此外，他还常常自我批评并陷入内疚的情绪中。他只有在客户失去耐心的情况下才开始创作，并告诉自己,是由于准备时间不足,所以结果才不够完美。

艾布拉姆森告诉戴维，做事拖沓是他为了维护完美的自我幻想而选择的策略。在他的想象中，只要时间充足，就能提交完美的作品。戴维思考片刻后说:"要是存在一种能降低期待的药丸就好了。"艾布拉姆森巧妙地回答:"的确存在!这种药丸刚被发现,就在这儿,赶紧服用吧!"戴维是个聪明人,他立刻明白实际上不存在这种药物,这不过是想看看他愿不愿意开始改变。戴维诚恳地回答:"我必须考虑考虑。"

在接下来的一次诊疗中,戴维展现了他的创造力:他为这种神奇药丸取名"期望素"。他还找了一个空药瓶,制作了标签贴在上面。他说,从他决定服用药丸的那一刻起,他的工作就开始取得进步,情绪也变得高涨起来,整个人都开朗了许多。

当艾布拉姆森建议别的患者服用这种神奇药丸时,大多数人的反应并不积极,他们的表情中透露出嫌弃、困惑和怀疑,好像在说:"开什么玩笑?达成这点儿目标就能让我满足吗?"他们之所以会有这类反应,是因为他们本能地把可实现的目标和平庸画上等号,认为不错、赏心悦目、有意义、有趣或令人满意的事物没有任何价值可言。在那些追求高远目标的人看来,普通成就不应被视为成功,也不是值得骄傲和兴奋的理由。

可怕的是,这种观念已经深入人心。比如,我们常说:"祝你拥有完美的一天!"如果有人和我们打招呼:"祝你拥有平常的一天。"那简直和诅咒差不多。

现在,请你接受并满足于微小的成就。如果你觉得这会让你停滞不前,请放心,你不会因此变得停滞或僵化,因为人类天生不安于现状,对成长的渴望会始终指引你迎接更多的挑战。

> **练习**
>
> 找一个空药瓶，贴上写有"期望素"的标签，放置于牙膏旁，这样每天早上你都能看到它。这个练习的目的是提醒你学会放弃不切实际的期待，去观察、接受和享受发生的一切。另附建议一则：不要刻意寻找完美无缺的药瓶、标签或记号笔。

当我们想在生活中做出某些改变时，周边环境可以推动我们改变的进程，比如我们可以在墙上挂一些反映我们的愿望和情感的图片。我曾接待过一位想寻找伴侣的咨询者，我发现她家里所有的画中的人物都是孤独的女性。于是我建议她更换其中几幅，换成以描绘情侣、亲密关系为主题的作品。同样，我们可以把电脑或手机屏幕上的图换成能够唤起积极情感的图，还可以播放能让我们微笑的旋律，哼唱那些激励我们行动起来的歌曲。

未来即当下

我经常发起一个练习活动，在活动中，咨询者需要编排三个戏剧场景：我理想中的未来生活、我目前的生活、我现在应该怎么做。

咨询者需要先想象一个真实反映自身愿望的未来场景，再想象一个可以体现其目前日常生活的场景。这时，咨询者往往会发现第一个场景并不合理，而这种不切实际的期待实际上贬低了当前普通的生活。

在最后一个场景中，我会为咨询者准备两把面对面摆放的椅子，并对他们说："这把椅子代表将来，另一把椅子代表现在。如果要让它们产生联系，你会怎么做？"

在大多数情况下，咨询者会在两把椅子之间徘徊，他们有时会坐在其中一把椅子上思考如何迈出走向未来的第一步。迈出一步——这是我对咨询者的唯一要求，也是我能做的一切。

有时咨询者会坐在"未来的我"这把椅子上，并对"现在的我"提出建议。这类建议通常关乎自我接纳和自爱，旨在增强自己的信念，推动自己前进。这一场景表明，无论一个人对未来抱有什么期待，现在所能做的不过是朝着未来迈出一小步。而这一小步，任何人都能够做到。

生活是由无数个瞬间构成的。你在阅读这段文字时有什么感受？是感到有趣、有意义，还是痛苦？请注意，问题不在于你是否享受这个过程，而是这一刻是否值得度过。马斯洛曾说，幸福不是痛苦已经消失的状态，而是值得为之忍受痛苦的情境，比如某件艺术作品让作品诞生时所经历的痛苦变得值得。回避痛苦和困难会阻碍我们体验深层的幸福，以及享受那些带来满足感、自尊等具有重要意义的经历。

第三个思维模式的转变：培养积极性

积极性是一种面对生活的态度，表现为有能力选择在任何事物、情况或人身上看到好的一面。与忽视或无视消极面不同，积极是一种有意识的选择，是选择转移注意力，聚焦于事物的积极方面。

拥有积极态度的人会认识到事物消极的一面是生活的一部分，但不是主要部分。他们认为生活中不够积极或不够称心的方面是自己为选择所付出的必要代价。举个例子，一个人之所以能忍受焦虑，是因为他希望快速取得进展。他不希望时刻感到紧张不安，但他明白这种情绪是实现目标的过程中一定会经历的。如果压力变得难以承受，甚至对自身有害，他会调整注意力的方向。塔尔玛·巴尔-阿布在她的书中提到，当积极乐观者面对不如意的现实时，会试图改变或远离这种现实。假如这两种选择都不可行或不理想，他会接受现实并努力关注事物的积极方面。

然而，人们对积极常持有误解，常把积极和幼稚、肤浅联系起来。拥有垂直观念的人瞧不起积极的生活态度，甚至认为消极是深刻并具有批判意义的。

这种偏见导致回避者忽视了培养自己的积极性，他们认为积极是一种令人感到厌恶的品质，然而这并不是事实。

在生活中（尤其是日常生活中），几乎不存在只有消极方面的情况。一般来说，情绪不佳是由于我们把注意力集中在不足、缺点或弱点上。聚焦事物的消极方面会让我们更加悲观，导致失望、痛苦、愤怒甚至绝望。比如，有的学生因为勉强考过及格线而兴高采烈，而有的学生即使得了99分也愁眉苦脸。这些不同的情绪反应并非源于客观事实，而是取决于我们如何看待和诠释它们。

一般来说，与消极情绪相关的失望感并非来自对现实的客观评估，而是来自现实情况与理想情况之间的差距。只有我们不再将成就、胜利乃至完美视作自尊心和幸福感的唯一来源，同时也不因困难就轻易放弃行动，才能培养出积极乐观的态度。积极的心态一方面表现为追求进步和更好，另一方面也表现为学会感恩和接受现实。

积极性可以培养。例如，幼儿园老师分发气球或其他东西之前，会教孩子们对自己说"得到什么都行"，意思是"无论我得到什么都会感到高兴"。老师希望通过这种方式帮助孩子提前做好准备来面对可能的失望，并教会他们珍惜自己所获得的东西。我认为这种方法非常可取，它有助于培养孩子的积极性，使他们在无法如愿以偿时不会陷入绝望和愤怒。因为拥有幸福感的秘诀不在于得到想要的，而在于拥抱已经得到的。

幸福的人不会因为事情的结果不如意而大惊小怪，他们具备承受挫折的能力，以及在困难中保持耐心的品质。同时，他们也具备寻找折中方案的智慧以及放弃不切实际的愿望的成熟心态。积极的人明白处事僵化并不是对自己忠诚，而是缺乏灵活性和适应能力的表现。

> **练 习**
>
> 回忆某件近期发生的、让你感到挫败和失望的事,说说你对事情的结果有何期待。现在,重新审视事情的经过,思考:这件事有可能按照你的预期发展吗?期待这件事如你所愿合理吗?

当事情的结果不如意时,我们会感到失望。我们越是精确地设定期待,失望感就越强烈,因为事情不会总是按照我们的预期发展。灵活调整让期待与现实相适应,有助于我们自如应对生活中的各种情况。

提升积极性的方式有两种,我们已经介绍了第一种——自我接纳,第二种是学会感恩。心理学家奥伦·卡普兰说:"我们为某事出现在生命中而感到幸运。"有的人在每一天黎明到来时祈福,感恩自己依旧活在世上,认为生存本身就是奇迹。确实,从疾病中康复、度过极端困境或参加葬礼归来后,我们都会产生一种仅仅因为自己还活着就心怀感恩的感觉。那么,为什么我们每天健康平安地回到家时却很少为此而感恩呢?

在一个名为"用十二步帮助你戒瘾"的计划中,我们让参与者每天写下六十件值得感恩的事。这个任务起初无比艰难,然而当我们开始把那些原本认为理所当然的事考虑在内,例如早上醒来、能够走动、与家人同住、有自来水和食物、有人关心等等，那么值得赞美的事就不止六十件了。培养感恩的好处在于它无须刻意采取具体的行动，只需用心感知生活中现有的美好。

我建议大家感谢他人为我们做的一切。同时，为每天能醒来而感恩，并在每晚睡前回忆一天中的十个积极行动。专注于积极的事有助于我们提振精神，增强行动的意愿和能力。感恩和欣赏自我对于改善情绪至关重要，有助于我们转变对自己、生活和世界的态度，让我们认识到自己的价值，意识到即便一切不完美，生活依旧值得继续。

结　论

走出回避状态需要转变思维模式：学会接受我们的价值不取决于某种标准，也不取决于是否达成某个目标。思维模式的转变需要我们放弃垂直视角，转而采用水平视角看待世界，这主要体现在自我接纳、设立可实现的目标和培养积极性上。

自我接纳是通过承认自己的不足之处，与自身的不完美和解并放弃优越的幻想的过程。可行的目标指的是"普通人"决心付出必要的努力便可达到的目标。积极性可以通过自我接纳、珍视当下的美好来培养。

10 行为的转变：从回避到行动

行动是生活的本质，因为生命本身就是一场运动。行动由渴望、期待和努力所驱动。行动会增强我们的意志力和能力，而这些反过来又能增强我们的勇气，促使我们更加积极地参与各类活动。

行为转变的第一步：付出

人类是具有高度社会性的物种，需要归属感、群体之间的联结和关爱。正如阿德勒所说，我们的生存深深依赖于归属感和合作。因此，个人的幸福水平在很大程度上取决于人际关系的质量。我们天生具备与他人建立联系和进行社交的能力，阿德勒将这种能力称作"社会情感"。

社会情感不仅体现在对他人表现出兴趣和关心，更体现在对社会的认同与承诺，以及给予他人帮助的意愿上。

需要注意的是，重视社会情感并不意味着否定个体的价值,而是基于对公共利益和个人福祉之间存在依存关系的深刻认识。在一个社会中,那些能够在追求个人目标的同时兼顾他人利益的人越多,整个群体和社会就能获得更多的益处。反之,当群体成员的社会情感薄弱时,个体之间容易产生对立、竞争、猜疑。很多国家和商业集团将私人利益放在首位,忽视了社会责任,这种短视行为已经给地球生态造成了严重破坏,并对人类的可持续发展构成了威胁。这些现实的例子足以说明社会责任的重要性。

社会情感体现在思想、情感和行动上。具有高度社会情感的人懂得每个人都有权获得尊重,明白人必须与他人合作并做出贡献。具有高度社会情感的人通常关心他人、温和待人,具有同理心和同情心。这些情感也有助于他们保持内心的平和、收获幸福感。没有什么比关心他人、为他人服务更能提升幸福感了。当一个人为别人付出时,他会感到自己是群体的一部分,并体会到自己存在的价值、意义和必要性。

薄弱的社会情感往往伴随着自卑。一个人的自卑感越根深蒂固,就越难将注意力转向他人。这类人会过度关注个人的痛苦,导致他们能够体验到的积极情感较少、消极情感较多。

长此以往,这个人对他人冷漠的程度会逐渐加深,他不再关心自己的亲朋好友,更不用说关心自己的国家和整个世界。然而,维系人类生存的基础恰恰是人的社会情感。当一个人切断了与他人的联系,又不得不依赖他人生存时,情感就无法自洽,他就会陷入更大的消极情绪中。

在实践中培养社会情感

培养对他人的关注和同理心，学会与他人合作是培养社会情感的有效途径。艾布拉姆森建议治疗师向回避者提出这个问题："你爱谁"？即便在回避行为最严重的情况下，咨询者也有可能回答说他爱某个亲人。然后，治疗师会建议他为这个人做点儿什么，比如问问他今天过得怎么样，感觉如何；或者给予关注、赞美和感谢；还可以为这个人做点儿小事，比如准备一杯茶、帮忙洗碗或主动要求遛狗。如果回避者表示自己不爱任何人，那么治疗师的下一个问题通常是："谁为你付出得最多？"

尽管爱是一种需要体验的情感，但它也是一种态度，促使我们为所爱的人采取一系列行动。爱通过行动表达得越多，这种情感就越稳固。为他人付出可以让我们感知到自己的能力和价值，还可以向他人传递积极的情感，加强双方的情感纽带。

许多研究表明，幸福感可以通过培养某些习惯获得。有趣的是，在众多教大家如何感知幸福的清单中，无一例外都有两个重要性不分上下的忠告：一个是感恩，另一个是付出。为他人做点儿什么是通往幸福的捷径。

培养社会情感和培养其他能力一样，需要专注力和训练。任何能表达同理心、关爱和友好的举动都有助于强化我们的社会情感。我们的社会情感越深厚，自信心和意志力就越强，我们的行动就越充满力量。

培养社会情感的练习

试着让你认识的某个人感到舒适或受到尊重，从你所能想到的最琐碎的事做起，比如一句亲切的话或一个微笑。

每天做一件利他的事，比如帮助一位女士把婴儿车抬上楼，移走马路中央的玻璃碎片或障碍物，等等。

除了"期望素"，我们还可以再备上另一瓶药——"勿忘他"，其功效是提醒我们把注意力更多地集中在他人身上。

行为转变的第二步：行动

除了学会付出，摆脱回避的第二个必要改变是采取行动。换句话说，回避者要做的就是行动起来。当然，行动通常是主要困难所在，因为回避者所采取的核心策略就是"不行动"。回避者感到很难行动的原因在于他们没有接受过延迟满足和持续努力的训练。此外，大多数回避者身边都有为他们包揽一切的人。回避状态类似一种心理残疾，表现为缺乏意志力，没有能力或意愿去完成任何艰难、无聊或令人不舒服的事。

回避者的一小步，成长的一大步

有一点确定无疑：想要让控制行动的"精神肌肉"更强健，唯一的方法就是训练。和付出一样，任何行动都能让人获得价值感。出门散步可能不容易，但做到这件事的回避者不会再对对自己说"真麻烦，我不想出门只想待在床上"，而是会说"幸亏我出门了"。任何时候开始行动都不晚，行动能给我们的生活带来积极的变化，改善我们的情绪。

专注于当下有助于我们把精力放在切实可行的事情上。远大的抱负可能会随着时间的推移得以实现，但只有从此刻的行动出发，梦想才有实现的可能。

幸福始于持续的行动：起床、刷牙、洗澡、吃饭、洗碗……这些行动不是壮举，既不伟大也不特别，但是每迈出一步都有助于增强一个人对自身能力的信任。推迟完成我们应尽的义务，虽然会暂时一身轻松，但长此以往会使人的意志力变得脆弱。战胜困难和挑战可以增强我们的意志力和行动力，提升我们的安全感。只有通过亲身经历、总结经验和学习，我们才能更好地成长。

生活的经验不是凭空而来的，而是通过每一次跌倒后重新站起，在尝试与犯错中积累而来的。我建议那些习惯拖延的人告诉自己：即使有点儿困难也没那么可怕，即使有点儿无聊也没关系，我不会因为这件事而死去。作家阿摩司·奥兹在作品中写道，当他小时候不愿洗头时，他的父亲会说："愿不愿意都不是理由，是你太任性了。"任性，也就是对自己的纵容，是我们克服回避行为的一大障碍。要想战胜它，我们需要循序渐进、坚持不懈地增强自己的意志力。而这对于那些一心想获得简单快捷的解决方案的人来说是个巨大的障碍。

我们必须清楚地认识到回避的代价。日常生活中，我们会因为半途而废或敷衍了事而承受他人的怒气与指责，忍受自尊心受到打击的痛苦，感到内疚与挫败。更可怕的是，我们在回避中蹉跎了一生，最终为自己的人生付出最惨痛的代价：因害怕困难和贪图安逸而浪费了这仅有一次的生命。

行动的第一步是为自己设定可实现的小目标，比如读一页书。我们需要训练自己做一些微小的决定，并执行它们。我们无须寻求完美的执行，只需把事情做完即可，甚至一个错误的解决方案也胜过无所作为。行动，永远是我们面对困境时最有力的选择。

> **练 习**
>
> 每天为自己布置一个只要能完成就能带来满足感的小任务，明确完成的时间和具体方式。

不要回避治疗

回避者并不都能独自从回避中走出来，如果你的回避行为非常严重，请务必向专业人士求助。选择合适的治疗师或陪伴者至关重要，我们需要寻找专业人士。

阿德勒认为，治疗师不应评判患者的父母，也不应表达患者的父母对患者目前的状态负有责任这类观点。生活中，影响一个人做出选择的决定性因素并不是他过去的经历，更何况这些指责他人和过去的话语只能成为患者逃避生活责任的借口。当患者说"我的父母忙于工作"时，治疗师可以说："许多父母都认为，维持生计是他们能为子女提供的最重要的东西。"

同样，阿德勒认识到人格的形成深受环境和遗传因素的影响。然而，他认为其决定性因素是个人的自由选择。人类拥有解读现实和应对挑战的创造力，正是这种能力让每个人都能够书写自己的人生剧本。任何事情，无论基于什么条件发生，都没有预设好的必然结果。在我们的生活中，没有哪件事是某个童年事件或社会环境原因造成的无法逆转的结果。虽然我们无法忽视过去经历的影响，但我们始终保有选择的余地，并且我们时刻可以改变对现实的看法，调整对生活的解读和应对方式。

然而，这也带来了相应的责任。无论是面对生活中的种种境遇，还是对各种情形做出回应，我们都要为自己的选择负责。无论父母还是社会都无法替我们承担起这个重担，每个人都是自己人生剧本的创作者。

责任的重担也许会令人感到不适，但我们必须意识到，将责任转嫁给他人是最差的选择。尤其是当那些替你承担责任的人因不耐烦或某种原因离开时，我们最终可能要瞬间负担起之前逃避的全部责任。

是停留在治疗中，还是在协助下努力

治疗师和患者的关系与生活中其他任何一种关系都截然不同。在治疗过程中，治疗师全身心地投入在患者身上，二者之间形成了以接纳而非评判为特征的关系，患者会感到安全，能够坦然面对自己的方方面面。除了支付治疗费外，患者对治疗师没有其他义务。当然，患者自我意识的开放度和真诚度越高，治疗的效果就越好。即便患者做不到这些，只要不对此反感，治疗就可以继续。

患者认为治疗创造了一个理想的避风港。在这里，他们终于找到一个真正理解他们、愿意接纳他们原本的样子、不会强迫他们做任何事的人。在许多情况下，治疗费由患者的亲人承担，这意味着患者不花一分钱就可以享受天堂般的待遇。因此，治疗可能成为患者不行动的借口。

我遇见过无数在治疗中寻求共情和便利的患者，当我要求他们关注他人的需求和情感，或建议他们完成某项挑战时，他们往往会放弃治疗。在我看来，对回避者最有用的治疗是他们自己对自己的治疗。假如一个腿伤患者决定和他的医师谈谈自己的伤痛，但并不准备站起来重新尝试行走，这就意味着他实际上并未真正想要解决问题。

即便这些不行动的回避者看似享受治疗师的共情和安抚，他们终究还是会因为看不到任何实质性进展而感到沮丧。当然，这与他们不切实际的抱负有关。那些对行动不感兴趣，但指望通过治疗瞬间改变一切的回避者会失望地发现，治疗本身似乎并不能改变任何事，他们必须自己付出努力。因此，他们最终都会放弃治疗。

> **结 论**
>
> 我们可以依据自身的能力和节奏来调整行动：既不放弃行动，也不让行动停滞不前。这是一个通过训练改变行为的阶段，表现为培养同理心、为他人付出并承担起生活的责任与义务。通过初步的行为改变，我们可以增强个人的社会情感，并在此基础上增强归属感和价值感。这些改变有助于加强个人安全感，改善自身形象并增强自信。

第二章总结

重返积极的生活是一个复杂的过程，这就好比一个人在经历了一场严重车祸后，需要进行漫长而艰难的康复治疗。回避者要想回归"生活的游乐场"，需要转变思维和行为模式，训练自己。思维模式的转变包括采取水平视角看待生活、接纳自我、放弃不切实际的抱负并设立可行的目标，以及培养积极性。行为模式的转变指的是通过应对生活中遇到的各种任务，逐步增强社会情感。

我们每个人都可以通过培养积极性和社会情感来创造更美好的生活。培养积极性包括训练自己学会观察、感知和珍惜自身以及所拥有的事物。对社会情感的培养体现为关心他人、倾听他人的声音、主动为他人付出以及做出情感承诺。任何能够增强自尊心和价值感的有益行动都能够锤炼我们，使我们习惯于应对眼前的任务，且不会感到痛苦或绝望。

对于许多回避者而言，放弃不切实际的幻想、采取积极的态度、关爱他人、为社会付出是极艰巨的任务。因此，回避者可能需要接受治疗。在这种情况下，我们建议回避者选择有助于自己采取行动的治疗方案，而不是仅提供理解和共情却不要求回避者行动的治疗方案。

我想在这一章末尾给读者一个忠告：不要挥霍生命，在事情还有希望时，请选择坚持而非放弃。

3

献给父母的指南

11 现代社会中父母的挑战
12 可能造成回避的有害育儿行为　13 鼓励行动的积极育儿行为
14 孩子的幸福不由我们掌控

回避是一种对待生活的态度，这种态度很可能是在人的幼年形成的。父母很可能在不知不觉中成为促使孩子产生回避倾向的"帮凶"。呵护孩子并给予其幸福的童年是父母的本能，但这种充满爱意和善意的行为有时会导致溺爱和过度保护，导致孩子缺乏必要的训练，无法在成年后积极、有效地面对生活中的挑战。

此外，父母也许向子女传递了这样一种信息：只有满足某些特定条件，如出类拔萃或与众不同，才能在这个世界上占有一席之地。换句话说，父母可能通过言行让孩子体会到不够卓越的人意味着价值不足。这种过高的期待会被孩子内化，成为他们追求自尊的动力。

我将在第三章提供一份给父母的育儿指南，告诉父母如何培养孩子，如何帮助孩子建立稳固的安全感，过上充实而有意义的生活。

这一章前面的内容写给幼童的父母，我将提供一些实用的信息和工具来帮助他们培养有归属感的孩子。在培养孩子的能力和能动性过程中，我们会遇到三大障碍：纵容、过度保护、批评，其中任何一个都有可能引发孩子产生回避行为，甚至导致逃避型人格的形成。我们还将了解教育的三个核心目标，它们均能有效避免回避行为的形成：培养孩子的归属感、社会情感和合作意识。

这一章后面的内容适用于成年回避者的父母，我会告诉他们应如何帮助他们的子女重新面对生活：创建父母的愿景、改善关系与鼓励、做出决定并告知子女不再为其提供非必要的帮助和资助、将决定付诸实践。

艰难还是可悲

亲爱的父母，我给你们带来了坏消息：你们只能为孩子提供两种生活方式——艰难的生活和可悲的生活。除此之外，别无选择。

艰难的生活是常态。生活本身就不易，它交给我们数不清的任务、目标和义务，同时还要求我们不停地应对问题和挑战。幸运的是，对于积极应对并主动承担生活所提出的要求的人而言，生活会变得相对轻松。阿德勒认为，一个人对他人的关注度以及与他人合作的能力，决定了他如何看待生活赋予的责任。对于一个身心充满能量的人来说，他能积极、努力地去完成自己应做的和想做的事情。

一个人只有不断跨越障碍，才能够达到目标、取得成果，并感到骄傲和满足。即便生活很艰难，他也能够把它视为一场充满乐趣和激情的旅程。一个人拥有美好生活的秘诀在于能够实现自己的志向，并为使世界变得更美好贡献自己的力量。

相反，对于另一些人来说，生活让他们无法忍受。这些人未能培养出必要的志向、能力和技能来面对和克服困难，有时甚至会轻易妥协和放弃。一个人如果不具备面对现实要求的必要精神力量，就会认为这些要求很困难，并感到挫败。

这些人就是回避者，他们未能培养出深厚的社会情感，并且过分注重自身的问题和需求。通常，回避者意识不到自己归属于某个群体，因此他们缺乏责任感。他们认为，对他人的关注、同理心和付出意味着自我打击和牺牲。这类人将生活视作难以承受的重担，他们极度依赖他人来满足基本生存需求，并期望他人帮助自己解决困难。他们得不到自己想要的东西时，会感到难过，并认为自己得不到爱。尽管周围的人尽力提供支持，但他们无法代替回避者生活，无法解决他们的所有困难或满足他们的所有需求，哪怕父母也无法做到。父母无法确保孩子感到满足，更无法保障孩子的幸福，因为这些感受源于个人积极的生活态度与努力。

无论父母多爱自己的孩子，愿意为他们付出多少，有多大的权势、财富和影响力，他们都无法为孩子创造一个没有挑战、问题和要求的现实世界，也无法避免孩子经历挫败、损失、恐惧、失望和被拒绝。因此，父母的任务是帮助孩子为他们未来的生活做好准备,培养面对未来生活所需的品质、能力和习惯,为他们未来的独立生活奠定基础。

大多数父母乐意帮助自己的孩子,为他们提供物质所需,因此并不会意识到自己代替孩子承担了一些责任。

同时,父母希望孩子能够随着年龄的增长逐渐承担起生活责任。然而对于没有经过安排生活、应对挑战和延迟满足等训练的孩子来说,他们不可能也不愿意独立。他们习惯了依赖他人,并期望外界继续为他们提供一切所需。有些孩子甚至要求别人完全按照他们的意愿行事,不愿接受任何义务或负担。他们还会变得喜欢发号施令,非常傲慢无礼。这种过度依赖父母的"温室花朵"往往有两种不良特征:缺乏感恩之心,容易滋生报复心理。

他们认为提供给他们的特殊服务、礼物和关照都是他们应得的,因此不懂得感恩。由于从小就一直受到特殊对待,他们认为这是生活的常态。享受这些优待是他们与生俱来的权利,是理所当然的事,这个世界有义务随时满足他们的需求。很显然,他们不会珍惜自己得到的,甚至无法对那些关心爱护他们的人表达感激之情。

由于回避者严重依赖他人,尤其是父母,因此当他们的需求和愿望得不到满足时,就会陷入深深的失望和困扰。如果发号施令这一招不奏效,他们可能会变得好斗或怨天尤人。他们会采取蛮横无理的态度拒绝与任何人合作,有时甚至会因为冲动而激怒父母,进而采取报复行为,因为他们认为父母应当为他们的痛苦负责。

那么，父母究竟想让孩子过上怎样的生活？是艰难但可能美好的生活，还是可悲的生活？

称职的父母

许多父母都认为自己不够好，因为他们为孩子提供的生活无法与完美的理想生活相比。广告里总是展示着温馨和睦的家庭生活。然而，生活中充满了失败，这些失败并不会出现在电视广告中。父母的真实情感、内心的挣扎和教育孩子的艰难过程也往往被刻意美化或掩盖。

我们只需看看普通家庭的日常生活，就会明白现实与广告的区别。我们不断听到："快起床！""去刷牙！""不行！""你怎么穿衣服的？""够了！""这会儿绝不能看电视！""五分钟我们就走！""要迟到了！""我可没时间做别的了！"普通家庭的生活充满琐碎的细节和冲突。面对这样的现实，父母往往感到压力重重。

现代社会要求父母既要具备开明的思想，又要学会为孩子设定界限并赢得他们的尊重。同时，消费主义宣扬的各种商品、娱乐和服务声称能把孩子的童年变成幸福的天堂，但这种生活方式需要大量的金钱投入。此外，儿童期被延长，彻底超出了合理范畴。因此，父母时常为自己没有完全尽到责任而苦恼。

我建议父母放弃追求成为所谓的"理想父母",转而努力做到称职。称职意味着专注于真正重要的事情,即培养孩子的独立性,提升他们的社交能力,同时与孩子保持友好关系。养育孩子是一项复杂又重要的人生任务,父母的时间和精力有限,要在繁杂的日常中平衡家庭和事业是巨大的挑战。这也是父母有必要深入了解育儿知识,掌握科学的方法,以真正有效的方式养育孩子的原因。

11 现代社会中父母的挑战

本节将探讨民主型育儿的发展历程。民主型育儿的宗旨是取代传统的专制型教育方式。然而在实践中,由于缺少针对这种新式育儿模式的有效方法,产生了一种放任型的教育方式。在这种教育方式下长大的孩子往往过于关注自身的愿望和权利,对自身义务和他人需求的关注能力相对薄弱。这些孩子在纵容的环境中长大,普遍缺乏社会意识,其中许多人成年后可能成为回避者。

育儿的兴盛时期

在我们上一代人的家庭中,教育模式依旧沿袭传统的专制风格,这与时代的进步显得格格不入。我们向自己发誓,当我们长大成人并有了孩子时,不会像我们的父母那样抚养孩子。我们不希望自己的孩子因畏惧而盲目服从我们,而是期待他们能在理解群体生活需求的基础上与我们共同努力。

我们想象自己成为父母后,能够以开放和体谅的态度对待孩子。我们期待在平等和尊重的基础上与他们建立积极的关系,关注他们的情感,培养他们的创造力,并鼓励他们表达自我。而孩子们呢?他们拥有优秀的父母,出生在幸运的年代,在尊重、欣赏和重视的氛围下成长,并欣然接受我们提出的各种价值观。

德雷克斯发现,我们这代人中,许多已不再采用传统的专制理念和粗暴的方式来教育孩子,平等的亲子关系取代了等级化的亲子关系,交流取代了命令,选择取代了强迫,言传身教取代了专制,合作取代了约束。在这类父母所设想的家庭中,孩子得到关爱和欣赏,有安全感并意识到自己的价值,每个家庭成员都能得到尊重。然而,这些新式父母虽然明确反对威胁、羞辱、惩罚和暴力体罚等做法,但很多人不知道该如何将理想付诸实践。

相比之下,专制型父母很清楚自己想做什么以及如何达成目标。他们希望孩子能遵守纪律并取得成功。他们用赞美和奖赏逼迫孩子表现得如他们所愿,同时还会用批评和惩罚让孩子"改邪归正"。

在实践中,由于部分民主型父母不懂得如何教育孩子,导致教育模式偏离了民主型教育模式原本的目标,转向一种放任型育儿模式。此时,父母不再要求孩子遵守任何要求和限制,他们试图包容一切,直到孩子跨越了所有界限。父母感到怒不可遏、筋疲力尽,因而重新采用旧时的专制教育模式。喊叫、惩罚和威胁再次出现，但这些办法几乎不起作用了。孩子此时不再害怕，也不明白为什么必须服从那些与他们意愿相悖的指令。

同时，当今社会的个人主义和享乐主义也削弱了人们的自律能力、社会责任感以及合作观念。如今，相比于纪律、奉献、付出、正直、正派，财富、名声反而更为重要。在这种背景下，过分关注孩子的需求却不设限的家长群体非但未能孕育出民主型育儿模式，反而催生了放任型育儿模式。

采取放任型育儿模式的父母几乎允许孩子为所欲为，他们会为孩子的任何想法买单，随时随地乐意为其效劳，在为孩子提供生活便利的同时，免除了生活对孩子的所有要求。只要有人要求孩子做违背其意愿的事，他们就会动怒。需要强调的是，这种放任型育儿模式并非父母有意为之，它不是父母有意识的选择，而是父母缺乏有效信息和工具的结果。

近些年来，越来越多的家长只是一心希望孩子能有一个幸福童年，却忽略了培养孩子的价值观、技能和生活习惯。

为什么别人可以，而我却不行

许多父母在无意识中采取了放任型育儿方式。在这种育儿方式中，孩子无须遵守现实生活要求每个人都必须遵守的无形界限。孩子在父母的溺爱下自由行事、随心所欲，直到有一天他们越过了所有的界限。这时，父母可能会突然转变态度，情绪激动的父母会用喊叫、威胁和惩罚来约束孩子的行为。

放任型父母秉持的理念是"你过你的生活,我过我的生活",他们认为一切都会顺其自然地得到解决。这类父母满足孩子所有的需求和愿望,对孩子几乎没有任何要求。然而,这种看似宽松的方式恰恰忽视了孩子的发展需求,因为他们本应在父母的支持下学习如何培养社会情感、自律能力,学习应对生活挑战的技巧。

有一回,我接受了一个采访,采访的话题是十岁小女孩接受美容护理是否合理。记者问我:"我们应该为此感到惊讶吗?"我回答:"不惊讶,但应该担忧。"自从目睹了有人在奢华的水疗中心庆祝孩子中学毕业,我觉得我不会为此感到惊讶。但我敢肯定,我们应该为此担忧。我们只需看看有些幼儿园孩子的父母斥巨资为孩子举办生日聚会,就能意识到问题的严重性了。当这些家长被问及"为什么这么做"时,他们的回答是:"我们不希望孩子感觉自己不如别人。"

许多父母认为,如果孩子因为外貌感到不愉快,就应当让她们高兴起来。但是,美容这件事本身并不会让女孩们对自己的外貌感到更满意。相反,这么做会使她们更加坚信自己不够漂亮,导致她们需要寻求外在的帮助。对完美外表的执着追求反而会让她们斤斤计较自己的不完美之处。

父母应当帮助孩子接受原本的自己,鼓励她热爱并享受自己的身体,而不是一味地迎合她所谓的愿望。此外,父母的纵容行为向孩子传递了一种落后的价值观:只有身材苗条、脸蛋漂亮才能得到重视。如果一个女孩衡量自我价值的标准是美貌,她怎么能真正实现人生价值呢?

有一次,当我拒绝满足孩子们的无理要求时,他们怒气冲冲地说:"别的小朋友都得到了允许。"于是我请他们问问"别的小朋友"的父母的电话号码,因为我有兴趣与这些父母聊聊,听一听到底是什么原因使得他们做出如此放任孩子的决定。

"权威性"已经落伍,"领导力"才是新风尚

无理取闹、逃避责任、冲动行事、过于冒险……孩子的种种行为在很大程度上都是放任型父母纵容和缺乏引导的结果。因此,有人认为家长失去了权威,呼吁重建传统意义上的家长权威。然而,凡是这么想的人都没有认识到,我们所处的时代已经发生了巨大变化,教育理念也需要随之更新。

"权威"一词有悠久的历史。在专制社会中,掌权者拥有迫使他人服从所谓理想行为准则的权力和方法。在这样的社会中,服从被视为一种美德,而违逆则被视为无礼、犯错或罪行。人们对待服从的态度是赞美和奖赏,对待不服从的态度则是批评、拒绝、惩罚或孤立。

当今社会,假如我们问父母是否希望孩子盲目服从他人,大多数父母的回答是否定的。他们当然希望孩子能够担负责任并与他人合作,但不是出于惧怕或盲从,而是出于互相尊重。然而,孩子往往会将这种自由理解成可以做任何他们想做的事

的许可。父母认为自己正朝着民主型育儿方向前行，但实际上却在不知不觉中奠定了放任型育儿的基础。

我们该用什么方式代替过去那套既专制又僵化的传统育儿方式？如今，我们不可能也不需要恢复旧时的威权型育儿方式，我们拥有的一种力量能在育儿时发挥更好的作用——家长的领导力。

在接下来的内容中，我将以阿德勒、德雷克斯和尤塔姆的理念为基础，深入探讨民主型育儿的实践方式。我们将学习用交流取代威胁和说教，用鼓励取代赞美，用逻辑后果取代指责、呵斥和惩罚。同时，我们还要承认，虽然孩子会犯错，但我们要用非惩罚的方式让他们理解犯错背后的原因。民主型父母需要行之有效且尊重孩子的育儿方法。

坚定而友善

赞同民主型育儿方式的父母理解育儿是一个充满责任的任务，父母的角色是竭尽全力地向子女传授思想、技能和习惯，尽可能帮助他们面对生活中的各种挑战。

我们应该都见过某些孩子在商店里大喊大叫，随后躺在地上哭喊的场景。如果父母为了平息孩子的哭闹而妥协，购买之前拒绝购买的商品，这就表明父母只关注当下，而不是长远的教育成果。这种行为看似解决了当时的困扰和尴尬，让孩子得到了短暂的快乐，但父母没有意识到，从长远看，自己的决定将带来什么后果。

　　此外，这样的父母还会教给孩子们非常不好的观念：若要得到想要的东西，施加压力是正当、合理的方式，并且幸福就是即刻满足欲望。这种态度不仅暴露了父母在教育孩子时的软弱无能，更糟糕的是，他们还错误地向孩子传达出一种危险的价值观：经济考量和道德判断在做决定的时候都无关紧要。父母之所以容易屈从于这样的选择，是因为他们面对孩子无理的要求时不能坚持原则。这样教育出的孩子将无法面对挫折，而挫折和失败是人生中不可避免的一部分。

　　相反，从长远考虑的父母会在当下付出一定的代价，他们要坚持既定计划，忍受孩子任性发脾气的行为。但这会让孩子学习到暴力并非获取事物的有效方式，同时也能让孩子学会如何在面对挫折时保持冷静和理性。

　　德雷克斯为民主型父母的"工具箱"中增添了一种基本工具：既坚定又友善的沟通。这也是应对各类情况的万能钥匙。乍看之下，坚定和友善似乎是互相矛盾的，但仔细思考便可以发现，坚定和友善完全可以结合在一起：在坚持必要原则的同时尊重孩子。专制型育儿方式虽然有效，但会挫伤孩子的自尊，而放任型育儿方式不仅效果欠佳，更忽视了对孩子基本的尊重。

　　那么，怎么做才是"坚定而友善"的呢？让我们再看看孩子在商店里哭闹这个例子。在这种情况下，专制型父母可能会生气地说："我早就知道会发生这种事，你让我忍无可忍！赶紧闭嘴，这种东西对你没有任何用处，我根本没打算给你买。

我以后再也不会带你来这里了!"

在同样的场景下,放任型父母通常会俯下身子与孩子平视,说:"别哭了,亲爱的……你这么哭我无法跟你说话,还记得上次说好的规矩吗?只买一样东西。上回我给你额外买了点儿别的,我们说好下不为例了。好了,这是最后一次了……好吗?亲爱的,你让我很尴尬……那好吧!我已经说可以买了!"十分钟后,这位家长会给孩子买下他想要的东西,并不断警告"这回是最后一次"。

那么民主型父母会做些什么呢?他们会停下来对孩子说:"真可惜。"这样既表达了对孩子的理解和共情,又清晰地表明了自己的立场。孩子可能会继续哭闹并跺着脚说:"但是我想要那个!"此时,家长只需要平静地回应:"我能理解你很失望,但这是我们之前约定好的规则,我必须遵守它,同时我也要顾及我们的预算。"随后,家长不再过多解释,而是耐心等待孩子平复情绪。

民主型父母从不轻易违背自己的承诺,即使孩子强烈抗议,他们也能坚守底线。他们懂得,真正的爱不仅需要同理心,还需要用合理的规则来引导孩子学会延迟满足和控制情绪。

民主型父母清楚自己要怎么做,也了解何时应允许孩子做某事。这类家长通常以友善而坚定的态度与孩子互动。

民主型父母虽然看上去不通情理,但他们依然能通过表达同情心、支持、鼓励和安慰的话语传递出友善的态度。例如,他们会说"真可惜""一个人没法拥有一切时确实很艰难""我们所能做的是……",同时也会用肢体语言表达关心,比如拥抱孩子或轻轻抚摸他们的头。这些举动仿佛在向孩子传达:"亲爱的孩子,这就是生活,我会帮助你理解它。"

通过友善而坚定的态度,父母向孩子传达了一条重要信息:我是帮助你面对挑战、战胜困难、遵守现实规则的人,而不是纵容你违反原则或逃避责任的人。民主型父母愿意包容孩子在遭到拒绝时表现出的不满情绪。长此以往,孩子将学会信任父母的诺言,知道固执己见或装模作样都没有意义,适应当下情形或寻找新的方案才是正确的选择。

需要注意的是,民主型父母设定的界限并非心血来潮或固执己见,因此父母不能以"就是这样"为由对孩子提出要求。父母必须明确自己希望传递给孩子的重要价值观,并以友善而坚定的态度坚守它。比如,如果孩子抱怨"其他人都有",父母会回答:"我能理解这种情况让你感到不满,但生活中有些事情我们必须坚持原则。"如果孩子不愿意戴头盔,父母就不允许他们使用自行车、滑板车等类似的工具。如果孩子因此抱怨,父母可以回答:"假如你因为我忽视你的安全而出了事,我不会原谅自己。"民主型父母即便面对孩子的抱怨,也会坚持限制电子产品使用时间,并邀请孩子一同参与有意义的活动。在孩子的不满面前,他们会保持友善和同理心:"我知道做到这一点很难,我也很难抵制电子产品的吸引。"但同时,他们自己也会坚守原则。

价值观：设定界限的基础

容易对孩子的不合理要求做出让步的父母往往会违背自己的初心。例如，原本强调健康饮食的父母会在孩子的请求下购买过多零食，原本注重家庭预算的父母会因孩子的任性而为昂贵的游戏买单。

父母设定的各项教育方针都应该基于这一价值观——必须遵守规则。在面对冲突时，只要父母能够坚守自己的教育方针，他们就能轻松判断什么是可以接受的行为、什么是可以购买的物品以及对孩子有哪些具体要求。

一位母亲给我讲了她与她十二岁女儿的经历。她女儿为即将到来的生日聚会购物后，她注意到女儿情绪低落。当问及原因时，女儿解释道，她在纠结应该何时在社交平台上上传身穿生日裙的照片，以便尽可能多地获得"点赞"。母亲对此感到疑惑，女儿以同龄人不太具备的耐心解释道，她担心如果照片发布得太早，大多数同学还没有离开，也许不会在发布的那一刻看到这些照片，这样就会影响点赞数。

虽然母亲觉得女儿纠结的问题有些可笑，但她表示理解，因为在数字时代长大的孩子面临着成人难以想象的挑战。这位母亲对我说，尽管她不同意女儿的想法，但她还是帮女儿估算了上传照片的最佳时间,并一直陪伴她关注上传后的点赞情况。与此同时，这位母亲悄悄通知了家人和朋友，让他们在照片发布后立即为女儿点赞。

你觉得这个过程有问题吗？答案是：有，问题在于母亲接受了女儿传递的错误观念。表面上看，这位母亲似乎在支持和理解孩子的需求，但实际上，她的行为强化了一个错误的观念，即归属感和自尊心应建立在获得的点赞数上。

这位母亲应该什么都不做，只需简单地说一句"我理解你认为获得他人的认可很重要"。当然，女儿不会因为这番"同情"而表示感谢，也不会立即平静下来。随后，母亲可以说："虽然获得他人的认可会让人感到开心，但我们不该让自己的自尊心受到他人的掌控，甚至去努力做讨好别人的事。"说这些话时，母亲还可以引导女儿思考：我们该如何平衡对他人看法的关注度与自我价值感的独立性？

人的自卑感来自同他人比较。以上这个例子彰显出拥有水平观念的重要性，学会用内在认可和自尊心抵御自卑的孩子，长大后不太可能成为回避者。在温暖而积极的家庭氛围和良好的家庭关系中长大的孩子，更愿意汲取家庭给予的价值观。

父母之言的价值

放任型父母很爱表达自己的观点。他们热衷于解释、斥责、承诺、威胁、贿赂、提醒、恳求和道歉。孩子会意识到父母说的与他们做的并不完全一致，因此他们认为不需要过于重视父母的话。

言行不一的表现导致父母的承诺逐渐失去价值。当父母做出无法兑现的承诺时,实际上是在消耗自己的信用资本。这种行为模式不仅削弱了自身在孩子心目中的权威形象,也影响了教育方式的有效性。

兑现承诺有助于增强父母的安全感和提升育儿成效,因此关注从言语到行动的过程至关重要。父母可以训练自己做两件事:一是不再说那些自己不打算付诸实践的行动计划,二是履行他们之前所承诺的事。值得注意的是,孩子对父母的回应极为敏感。因此父母应避免那些模糊不清的回答,诸如"我们看情况""也许吧""要看你的表现如何"等。家长与其给出这些模棱两可的回答,不如直接、明确地告知孩子真实情况,并承担相应的责任。

父母的目标

多年来,我问过很多父母,他们希望与孩子之间的关系如何。几乎所有人都说他们渴望成为孩子生命中很重要且积极的人,认为与孩子建立良好的关系很重要。

父母所指的这些良好的关系,一方面指互相关爱和关心,另一方面指互相尊重和体谅。此外,家长对孩子还抱有如下期待:希望孩子拥有安全感和良好的自我认同感;希望孩子善于交际,富有创造力和灵活性,具备自由表达的勇气,并且愿意倾听他人;希望孩子能够独立自主、勇于承担责任,能主动设定目标并为实现这些目标而努力;希望孩子幸福,当然也渴望他们在生活中取得成功,实现自我并发挥自身潜能。

与专制型父母想要孩子听话和从众不同,民主型父母希望孩子具有开拓性。为了让育儿方法行之有效,父母必须清晰地审视自己的目标,理解每个目标的本质,并知道如何实现这些目标。

本小节后面的内容能够帮助家长检验自己的教育方法是否真正服务于既定的育儿目标。许多父母会惊讶地发现,他们自认为采取了民主型育儿方法,但事实上却是在践行放任型育儿方式。

我所选取的育儿目标来自许多父母的愿望和期待。以下是相关目标及其定义。

自信:一个自信的人觉得自己能够应对生活中的挑战。自信是一种信念,自信的人相信自己能够找到战胜困难的方法。

积极的自我形象:一个拥有积极的自我形象的人觉得自己值得被爱,认为自己有价值、有能力。同时,他也能理性地认识到自己的不完美,并愿意为自我成长而不断努力。

社交能力:社交能力指的是走近他人,并以积极的态度长期对他人保持关注的意愿和能力。社交能力体现为对他人表现出好奇心,愿意与他人合作,以及愿意与他人分享想法、感受、愿望和需求。一个善于交际的人愿意为他人付出,并愿意在平等互惠的关系中接受他人的给予。社交能力是爱和友谊的基础。

灵活性:思维灵活是一种至关重要的特质,尤其在这个飞速变化的时代，思维灵活的人能更好地运用综合能力应对生活的挑战。思维灵活表现为有能力适应变化，能在复杂情境中找到多维度的解决方案，以及能够依据最新掌握的信息来调整自身思维方式。同时，思维灵活的人在陷入困境时能够及时改变目标，或尝试通过不同的途径来实现目标。

创造力：创造力是指产生新颖、独特想法的能力。根据心理剧之父雅各布·利维·莫雷诺的定义，创造力是指在新的情境中给予适当的解决办法，或在已知的情境中给予新的解决办法的能力。

自尊：自尊是衡量一个人如何看待自身价值的标准，指的是个体根据这个标准认识到自己值得受到他人尊重、友好的对待的品质。

独立性和责任感：独立性是指自主思考和行动的能力。责任感指的是理解并愿意承担个人行为所带来的后果，对自己的选择负责。

判断力：判断力反映了一个人的责任感、理智、对现实的分析能力以及遇到问题时的决断能力。

付出努力和坚持：付出努力的能力是指能够通过各种方法采取行动，以实现预期的结果和目标的能力。坚持是指即便遭遇困难或感到失望，也能够继续前行。

目标	民主型父母的行为	放任型父母的行为
自信	民主型父母允许孩子尝试，鼓励他们积极面对挑战和困难，同时会说些激励孩子的话，比如"这是个好主意""值得一试""你做到了""你进步了"。 民主型父母不会忽视孩子的问题，但只有在必要时才会给予帮助。如果孩子向他们讲述了一个问题或困难，他们会表现出同理心，并回应"这么做不好"或"这很艰难"，同时会问"你打算怎么做"。 民主型父母富有同理心，能够为孩子提供精神支持，比如说："这件事很难，但你能做到，我会一直支持你。"	放任型父母无法忍受让孩子直面困难的"后果"。他们会因为孩子的悲伤和哭泣深感焦虑，认为自己有义务缓解孩子的负面情绪，并为他们扫除这些情绪。 如果孩子向他们讲述一个问题或困难，他们会说"别担心，一切都包在我身上"，而不是给孩子独立解决问题的机会。他们会为孩子提供不必要的帮助，并满足孩子生活中的各项要求。 对于害羞的孩子，他们会用话语掩盖孩子的沉默。 放任型父母具有同理心，但无法表达出"你能做到"这类能为孩子提供精神支持的话语。

目标	民主型父母的行为	放任型父母的行为
积极的自我形象	民主型父母能够帮助孩子建立积极的自我形象，会表扬和强调孩子的优点和积极行为。 他们会明确表达对孩子的看法，并将关注点放在具体行为上，而不是个性上。他们会说"这个想法很好"而不是"你很聪明"，会说"你帮了我很大的忙"而不是"你是最棒的"。同时，他们也会明确指出孩子的错误行为。他们会说"桌子脏了"而不是"我就知道你会把桌子弄脏，我没法相信你"。 如果孩子遭遇失败，他们会鼓励孩子对未来保持希望。"你能够尝试是很勇敢的""万事开头难"，这种积极的态度有助于孩子为未来的挑战做好准备。	放任型父母会过度赞扬和批评孩子的行为。当孩子表现得好，他们会使用夸张的方式表达赞美，比如"你是个天才""你是个英雄""你是第一名"。当孩子表现得不好，他们可能使用辱骂性的语言，比如"你是白痴吗"。 他们在回应成功和失败时缺乏逻辑，如果孩子考试成绩不佳，他们可能会贬低学校或老师的价值："不管怎样，学校教不出什么有用的东西。"隔天，又可能责备孩子不努力："如果你不努力，你还指望得到什么？"

目标	民主型父母的行为	放任型父母的行为
社交能力	民主型父母会积极地看待他人，不认为其他人会对孩子构成威胁。他们通过自己的行为为孩子树立良好的榜样，教会孩子以礼待人、尊重他人和共情他人，与人保持礼貌往来。 　　这类父母关注孩子的需求，也鼓励孩子关注父母、家庭乃至社会。他们会引导孩子分享自己的经历、想法和情感，并在适当的时候为孩子提供帮助。他们希望培养出不以自我为中心，也不会要求被特殊对待的孩子。	放任型父母对熟悉的人和与自己观点一致的人持积极态度，但对陌生人或不同意见者持猜疑和仇视的态度。对于那些不能满足孩子的愿望、抱怨孩子行为或向孩子提出要求的人，这类父母可能会与他们对立。 　　这类父母会过度维护孩子，为孩子辩解。他们不要求孩子尊重他人，也不会因孩子的不当行为而反思自己的教育方式。 　　在使用电子产品时，这类父母不会为自己和孩子设定时间限制。

目标	民主型父母的行为	放任型父母的行为
灵活性	民主型父母会帮助孩子养成规划任务、安排日程表的习惯，并允许孩子根据实际情况灵活调整日程表。 他们在孩子的任性面前不会让步，在孩子因愤怒或失望发泄情绪时会耐心引导，让他们理解并非所有要求都能立即被满足。 民主型父母会与孩子分享做决定的过程，注重培养孩子的独立性和适应能力，并通过自身行为为孩子树立榜样。	放任型父母倾向于迁就孩子的意愿，以免让孩子感到失望。他们动用一切资源来让孩子感到满意。 他们不要求孩子适应环境。在孩子情绪爆发时，他们往往会妥协。 这类家长过度迎合孩子的要求，没有教会孩子在不如意的情况下找替代方案或调整期望值的方法。
创造力	民主型父母会主动倾听孩子的意见，并通过提问引导他们思考，而不是直接给出答案或解决方案。 民主型父母鼓励孩子尝试，不怕孩子失败。	放任型父母往往鼓励孩子以一种有害的方式达成目标，例如编造借口、说谎甚至使用阴谋诡计。 这类父母往往会直接介入解决问题的过程，没有足够的耐心等待孩子自行找到解决问题的方法。

目标	民主型父母的行为	放任型父母的行为
自尊	民主型父母坚守自己的原则，教育孩子时不会违背自己的价值观。如果孩子对他们讲话时不礼貌，他们会平静地指出问题："假如你能用礼貌的方式跟我说话，我会很愿意跟你交流。" 　　他们在处理孩子的请求时，会明确表达自己的感受和原则，而不是一味妥协。 　　他们很尊重孩子的独立性，不会随意侵犯其隐私或把自己的观点强加在孩子身上。他们愿意与孩子合作，通过平等的沟通寻找双方都能接受的解决方案，从而帮助孩子建立健康的自我价值感。	放任型父母不遵守自己的诺言。 　　如果孩子对他们讲话时不礼貌，他们要么觉得无所谓，要么以同样的方式回应孩子。 　　这类父母忽视了身为父母的引导责任，竭尽全力让孩子对眼前的结果感到满意。 　　这类父母有时会情绪失控，以致可能会羞辱孩子或在公共场合让孩子难堪，完全不顾及孩子的自尊心。

目标	民主型父母的行为	放任型父母的行为
独立性和责任感	民主型父母不会包揽应由孩子完成的任务。如果孩子不为自己应做的事情负责，他们会让孩子体验到这种行为的后果。 这类父母鼓励孩子独立思考，不会把自己的想法强加给孩子，他们拥有倾听不同想法的开放心态，还会提出例如"你觉得怎么样"这类问题。	放任型父母会过度干预孩子的行为，他们总是提醒孩子该做什么，比如"作业做完了吗？" 这类父母总是试图为孩子解决问题，避免让孩子为自己不负责任的行为付出代价。如果孩子没完成作业，他们会请老师让孩子晚一点交甚至帮孩子完成作业。
判断力	民主型父母会理智地做出决定，如果这些决定并不完全符合孩子的期望，他们会向孩子解释这些决定的底层逻辑。 如果孩子对某事感到疑惑，这类父母会用提问的方式帮助孩子思考，并引导孩子评估不同的解决办法。	放任型父母做决定时缺乏条理，有时可能是基于冲动，有时可能是为了取悦孩子。 如果孩子对某事感到疑惑，这类父母会以自己的角度建议他选取最简单的解决办法。

目标	民主型父母的行为	放任型父母的行为
付出努力和坚持	民主型父母鼓励孩子努力达成目标。如果孩子伸手够玩具,父母会说:"如果你想拿到那个玩具,就自己去试试看。"如果玩具在孩子触碰不到的地方,父母会把玩具向孩子那边挪一点儿。在每个成长阶段,父母都会支持孩子的目标,并鼓励孩子坚持不懈。	放任型父母倾向于直接满足孩子的愿望。如果孩子伸手够玩具,他们会立刻把玩具放到他身边。这类父母会迅速猜测并立刻满足孩子的愿望。

练 习

请各位父母想一想,写下希望孩子成为怎样的人,以及该为孩子做些什么。除了为孩子提供安全的环境和物质保障外,你认为还有什么重要的东西可以传递给他们?你希望他们形成怎样的价值观?拥有怎样的能力?养成怎样的习惯?请从前面的表中选出三条你认为最重要的,并在下周实施。

结　论

为了培养积极向上的孩子，父母必须以尊重为出发点教育孩子，同时确保自己的行为同想要传达给孩子的价值观以及孩子的现实需求一致。专制型育儿将父母对孩子的严格规定与孩子的优异表现挂钩，而放任型育儿不对孩子提出任何要求，阻碍了他们精神力量和社会意识的培养。

德雷克斯提出了一系列民主型育儿的概念和方法，这些方法兼顾了尊重和有效性：用领导力代替权威，用影响力代替攻击和压力，用请求代替要求，用鼓励代替赞美，用倾听代替命令，用多种选择的可能性代替一成不变的规则，用对话和协商代替强迫和控制。在实践中，民主型父母采取友善而坚定的态度，并以他们想要传达的价值观为基础设定各种界限。

12 可能造成回避的有害育儿行为

积极向上是孩子的天性。在本节内容中，我们将认识三种有害育儿行为，这些行为可能是孩子选择回避的潜在原因，它们是：纵容、过度保护和设立过高的期望。父母做出这些行为的原因并不是想要让孩子变得软弱，而是受到文化观念的影响，或是对自己童年时期的某种缺失进行补偿。

纵容会使孩子变得软弱

民主型育儿面临的最大风险在于给予孩子过多自由，从而导致其转变为放任型育儿。因此，父母对孩子的纵容危害极大。

对于全天下的父母来说，孩子的幸福至关重要，保证孩子的身心健康是父母的首要任务。父母希望满足孩子的需求和愿望，帮助他们表达自己，培养他们的个性和创造力。但有些父母做得过了头。他们意识不到，过度关注孩子的需求，看似是爱，实则可能阻碍孩子健康人格的形成。

被宠坏的孩子往往会表现出强烈的控制欲,而纵容孩子的父母会小心翼翼,生怕惹孩子生气,当这些父母感到不耐烦时又会突然爆发。此外,如果夫妻双方只有一方对孩子纵容,另一方不赞同这种做法,还会影响到夫妻关系。如果父母中的一方试图为孩子设定界限,另一方出于保护孩子的心理与之争执,家庭内部关系就会更加紧张。

如果父母过度纵容孩子,家庭的日常安排和各种生活资源都会围着孩子转,孩子容易形成以自我为中心的意识,将父母视为满足自己需求的工具,甚至认为父母是为了让自己过上快乐的生活而存在的。无论从情感还是实际角度来看,即使父母确实将孩子看作自己生活的中心,孩子也必须学会并接受自己其实只是这个家庭的一部分,并非全部。这样,孩子才能理解自己是某个社交圈、团队、社区乃至人类的一部分,而非"世界的中心"。

举个例子,很多父母会因为孩子在公园玩得开心而一再延长玩耍时间。父母会这么做,一方面是不想破坏孩子的兴致,另一方面是没有精力面对孩子的大发脾气和反复恳求。虽然推迟回家严重扰乱了家庭的日常安排,但孩子也不会对父母说抱歉的话,比如:"我亲爱的妈妈好心让我玩儿了很久,时间远远超出了计划。我们回家时天已经黑了。我注意到她有点儿累,因此我会快速洗个澡,毫无怨言地帮她准备晚餐的餐具,并按时睡觉,这样明天醒来时大家都能精神饱满。"

那些习惯于被纵容的孩子认为被纵容的情况会一直持续下

去。他们极其关注自己的愿望和权利,却很少意识到自己的义务,极少关心他人的权利。他们尽可能利用一切,以实现自身愿望。

作词人阿米尔·弗赖瑟·古特曼写道:
在伦敦,在罗马,无论哪一刻,
九十年代的孩子们都追求娱乐……
他们心醉神迷,
梦在日本,舞在巴西。

如今,许多年轻人的世界就是如此:他们身在一处,心却总在追寻别处。他们常常觉得自己错过了什么。他们经历了很多次恋爱,但很少体验到真爱;他们需要利用酒精来感到愉悦并释放自我。这种世界观往往与他们的童年经历密不可分,他们的父母多以满足孩子的个人愿望和追求享乐为宗旨来养育孩子,而非注重培养他们适应现实的能力。

然而,这并不意味着父母应该忽视或否定孩子的基本需求。父母必须认真对待孩子合理的要求和愿望,但这不应等同于纵容他们。同时,培养孩子的社交能力、主动为他人付出的意愿以及合作精神同样重要。等到孩子长大成人,如果他们知道如何建立和维护充满关爱、尊重、体谅与相互支持的人际关系,他们将拥有愉快且令人满意的生活。

许多父母感到困惑:他们原本想让孩子有归属感、被爱和被赏识,而实际情况是他们只教会孩子如何享受一个没有挫折的童年。而那些旨在培养孩子的归属感、体谅他人的意愿和与人合作的意识的教育方法强调，孩子不仅应该接受关心和关注，更要懂得给予他人同样的关心和关注。在教育过程中，父母既要为孩子提供自由选择的权利和体验生活的机会，也要注意设立明确的行为规范和界限。

规矩是每个家庭成员通过日常生活中的互动与协商共同制定的。如果孩子不遵守这些规则或不履行自己的义务，就必须承担错误行为造成的不良后果。这样，他们才能从自己的错误中吸取教训。

过分满足孩子的需求和愿望看似皆大欢喜，但对孩子的发展有害。因为如果孩子始终将自己的情感、欲望、需求和情绪置于他人之上，过度关注自己，那么他们就不会关心他人的感受。这种对他人的漠视会损害其建立健康人际关系的能力，尤其是爱的能力。

家长的纵容妨碍了孩子培养至关重要的品格、技能和习惯的进程，减弱了孩子解决问题、实现目标的能力，让孩子难以建立和维持令人满意的关系。如果本应自己做的事情由别人代替完成，就很难培养孩子的独立性、责任感、主动性，以及延迟满足的能力。更糟糕的是，被宠坏的孩子可能会在成年后成为回避者，因为他们觉得自己值得拥有一切，而社会拒绝效仿过度保护自己的父母，因此他们会认为这个社会极其不公平。

善意过多可能有害

阿德勒学派心理学家弗兰克·沃尔顿指出，许多父母犯错是出于善意，更准确地说，是出于过度的帮助。诚然，适当的帮助是有益的，但过度的帮助等同于纵容。这种现象往往与父母自身的童年经历密切相关。

沃尔顿请他的父母回忆他们十二到十四岁时的经历，特别是那些让他们印象最深刻的事件，然后说说哪些是他们希望在目前自己的家庭中重现的，哪些是绝对不想在自己为人父母后重现的。沃尔顿将这种回忆的方法称为"最难忘的观察"。

我建议各位家长按照沃尔顿的方法试一下，找出自己最不可磨灭的记忆。想象自己回到青春期，回忆当时看到的或经历的事，可能是让你深感"真美好"，发誓要在自己今后的家庭中重现的事；或是让你觉得"这太可怕了"，决定长大后会尽你所能避免的事。这样做可以让我们发现，父母的行为模式往往来自他们过往的经历。他们不断重复过往的美好行为，以期重现曾经的积极成果，或者采取与祖辈完全相反的行动，以期弥补他们自己的童年阴影。

可是我们需要注意，即便是积极的记忆（即我们希望在家庭中重现的有益行为），往往也是片面的。这些记忆只保留了我们在童年时受到的呵护，却忽略了当时家庭中的规矩和要求。因此，如果我们重现这些记忆中的场景，孩子的表现可能不会像我们预想的那样,带着感恩之心接受这一切,因为他们不懂什么是规矩,也不理解这些场景的深意。

比如,一个在自己童年时因父母的争吵和喊叫而感到痛苦的父亲,为了不再让自己的孩子经历他童年时的家庭氛围,从不会提高嗓门说话,也从不对孩子表现出坚定的拒绝态度,从而导致孩子被娇惯成性。再比如,一位童年时在家中与父母完全没有交流的母亲,总是不厌其烦地向孩子解释一切、告知一切,结果令她的孩子感到疲惫不堪,无法消化如此多的信息。

沃尔顿认为,"最难忘的观察"会影响一个人成为父母后实施教育的方式。如果一位家长对童年时期被拒绝的事记忆深刻,那么他会特别关注孩子的朋友对孩子发出的拒绝信号,并夸大其负面影响。这种过度关注会向孩子传递这样的信息:有人不想要你的陪伴是一件令人很难过的事。关注某个特定现象,进而夸大其对孩子的影响,这种做法不利于增强孩子应对困难的能力,反而会把不那么重要的问题放大。

认识到自身童年记忆的局限性并理性衡量自己的善意的父母可以更好地平衡教育方式,既不过度保护,也不放任不管。这种"自我觉察"是实现合理、有效的教育的关键。

有益的纵容和有害的纵容

阿德勒学派只反对"纵容",而不反对拥抱、热情、友善地对待他人。阿德勒学派定义的纵容侧重于负面含义,如提供不必要的服务和替代孩子完成行动，我们也可以将其称为有害的纵容。

有害的纵容是指当孩子提出要求时，父母立即满足他们的愿望，并不提任何要求，让孩子无须考虑他人和自身义务。被纵容的孩子被免除了所有责任，甚至包括那些与生存相关的基本要求，如饮食、睡眠、卫生、学习。

纵容是放任型育儿的特征之一。纵容孩子的父母在做决定时遵循两个基本原则：第一，让孩子过得愉快；第二，不能承受孩子听到"不"后表现出的沮丧和攻击性。

那么在哪些情况下，纵容是有害的？以下几条内容有助于区分正常的关心和有害的纵容：

当给予不是双向的，而是单向的；

当为孩子做了本应他们自己做的基本生活任务；

当这种行为是持续和长期的，而不是暂时的；

当孩子认为父母的这些行为是理所当然的；

当孩子不去学习或不愿意完成那些别人为他们安排的任务；

当停止提供这些服务时，孩子会表现出傲慢无礼、愤怒、攻击性。

纵容孩子的父母无法忍受孩子的负面情绪。他们看不得孩子痛苦，即使这种痛苦来自合理的拒绝，比如禁止孩子在周中邀请朋友来家里过夜，或限制孩子观看电视节目的时间。每当父母难以忍受孩子的哭泣、悲伤或愤怒时，便会纵容孩子根据自己的心意行事。

这么做不仅不利于孩子表达自己的情感，也不利于他们自己寻找解决方案。表达情感的能力是情商的核心，孩子有必要学会识别自己的情感并将其表达出来。情感交流让我们能够处理自己的感受，并在需要时寻求他人的帮助或克制自己的情绪。父母屈服于孩子不合理的要求或纵容孩子时，便阻碍了孩子的成长。被纵容的孩子无法找到创造性的途径来克服困难和挫折，也无法以成年人的方式来安慰自己。

如果孩子觉得做某件事很困难，父母可以陪伴他们，向他们表达支持、信任。父母应该学会关注孩子，学会观察、倾听、拥抱和鼓励孩子。如果孩子的情绪过于激动，父母可以让他冷静下来后再分享感受。在帮助孩子表达情感时，父母可以用具体的语言引导孩子描述自己的感受，例如："你为达妮埃拉的离开而感到难过吗？""你感到生气，是不是因为想要更多巧克力而我们没给你？"同时，对孩子的积极情绪也要给予回应。

父母还要帮助孩子识别自身需求，明确愿望和梦想。父母可以这样引导："你希望达妮埃拉留下来过夜吗？""你希望这样，这表明你很慷慨并乐于分享。"同时，如果父母用"我知道这一点让人不愉快""这很难"或"我很遗憾你有这种感觉"这类话语表达同理心，孩子会感到自己的情绪被接纳和理解了。

我们需要帮助孩子评估其需求是否合理。孩子的有些需求值得他们付出努力，而有些需求则有待灵活调整。父母要让孩子理解，他能够通过努力、思考来改善现状，但对于一些无法改变的情况，则应尽早接受。

家长应成为孩子的导师,而不是提供一切服务的仆人、扑灭"情感火灾"的消防员或是缝合"伤口"的外科医生。作为孩子的人生导师,父母需要懂得倾听、提问、研究、鼓励与分享。这样做不仅有助于培养孩子的创造性思维和灵活行事的能力,还能培养他们的情商和主动性。如果孩子与父母相处融洽,他们就会更愿意接受父母看待世界的方式和价值观。

如果孩子没有学会如何面对困难或延迟满足,就无法培养精神韧性、能力感和安全感。精神韧性是一种在面对生活中的困难时不被压垮的力量,是在失败后勇于重新尝试、保持乐观的能力。能力感是一个人相信自己能够努力实现目标、克服困难的信心。能力感的培养只有一条途径:让孩子切实经历生活并面对生活所提出的挑战。

诱惑与成就的关系

婴儿感到饥饿时会发出撕心裂肺的哭声。在出生的最初几天,婴儿会一直哭,直到嘴唇触到奶水。但在一段时间后,饥饿的婴儿听到母亲充满安慰的声音"我这就来,亲爱的"时,就会降低哭声或停止哭泣。尽管饥饿带来的痛苦并没有改变,但出于对母亲的信任,婴儿便能暂时止住哭泣并冷静下来。因此,孩子是逐渐学会在不适的状态下调节情绪的。

当我们对某物产生渴望时,如果我们得到了想要的,就会感到满足。然而,并不是所有渴望都能立即被满足,有时甚至永远得不到满足。

如果孩子只能在节日或生日时收到礼物，他们就会知道自己真正想要什么礼物，什么礼物对他们来说很重要，并学会耐心等待，以及权衡自己的需求。等待令人沮丧，但也提高了孩子对礼物的期待，于是收礼物成了具有仪式感的特殊事件。孩子会对此心怀感激，也会更珍惜他们拥有的新东西。如今的孩子几乎能得到他们想要的一切，却不会适可而止、保持冷静、克制或放弃。被宠坏的孩子习惯于自己的愿望立刻得到满足。在未来的生活中，如果愿望得不到满足，他们就容易陷入焦虑或情绪失控。

二十世纪六十年代末，心理学家沃尔特·米歇尔开展了一项具有里程碑意义的研究，旨在探索儿童自我控制的能力。在实验中，研究员提供给幼儿园的孩子们两个选择，他们可以选择立即吃掉一颗糖果，或者选择等待一段时间后获得两颗糖果。所有的孩子都明白，克制自己就能获得更多的奖励。然而，在二十分钟后，只有三分之一的孩子成功克制住了自己，没有吃掉眼前的那颗糖果。这些孩子为了克制自己运用了很多方法：有的大声歌唱，有的把注意力转移到其他有趣的事物上，有的则想象摆在他们面前的糖果不是真实的。

多年后，米歇尔追踪研究，发现这些孩子的大学录取成功率与他们当年的自控能力有着显著的相关性。

由此可见，童年是孩子培养生活中所需的各种能力的关键时期。父母的作用是帮助孩子培养延迟满足和自我控制的能力。这个过程越艰难,孩子未来面对人生挑战时就会越轻松。

纵容的坏处

把孩子视为家庭中心,给予他们不必要的服务并放弃对他们提出任何要求,是在助长孩子的惰性和依赖性。生活需要我们具备主动性和独立性。纵容会让孩子消极退缩,放弃追求个人目标、实现愿望,终将导致自我放任,即回避。

被纵容的孩子理所当然地认为自己的需求会得到满足。他们认为他人会无条件地关爱他们、照顾他们,而不要求任何回报。他们希望别人能为他们提供情绪价值。

利亚纳是一位拥有三十年从业经验的幼儿园舞蹈老师,她告诉我:"几年前,如果孩子们看到我走进教室,就会开始跳舞。而现在,当我走进教室时,他们会跑到座位上坐好,因为他们想观看舞蹈表演。"

被宠坏的孩子最常说的是"我没力气"和"我感到无聊"。当听到这些话时,纵容孩子的父母会立刻提出各种建议,例如:"你想画画吗?""你想看书吗?"但被宠坏的孩子不想做任何事,他们只希望空虚感能凭空消失。他们对周围的事物缺乏兴趣,不愿将注意力和精力放在眼前的事物上,而是希望某人或某物能够主动博得他们的欢心。

当我们对某事不感兴趣时,大脑会感到空虚。这种空虚感让我们开始遐想,反复思考生活,努力找到自己想做的事并制订计划。空虚感是生活的一部分，父母没有义务对孩子的空虚感负责。如果一个孩子说"我很无聊"，父母应该表示同情，并分享他们在类似情况下的做法，例如"我会选择提前完成明天的一个任务"。

纵容孩子的父母为孩子付出了很多，但这种付出与培养孩子真正需要的能力背道而驰。未能在童年时期建立精神力量的孩子，长大后会变得软弱，无法独立，变成一个没有主心骨的人。软弱的人不会设定目标并努力实现目标，尽管他们拥有远大的抱负，却缺乏为实现自己的抱负努力奋斗的自律和果断。软弱的人不相信自己，因为他们未曾经历过自我约束的锻炼。在面对抉择时，他们往往难以独自做出决定，总是需要他人的指导和认可。他们强烈渴望外界的欣赏，却认为自己不值得被欣赏。

正如阿德勒所说，被纵容的孩子往往会产生过高的期待：既想享受生活的舒适便利，又想获得他人的尊重与认可；既想逃避责任，又不甘于默默无闻。

被纵容的孩子长大后会成为软弱的成年人，他们难以完成应尽的责任和义务。这种软弱给他们自己和他人都带来了莫大的痛苦。这类病例的治疗是一个漫长而艰巨的过程。被纵容的人必须学会放弃，比如放弃熬夜打游戏。此外，他们还必须学会做该做的事情，即使这件事不能带来乐趣和舒适感，比如洗碗。未能在童年时期学会的东西，等到成年后再学习会更加困难。成年后再培养面对和承受挑战和挫折的能力时同样如此。

尽管如此，并非所有童年时期被纵容的人在成年后都会成为回避者。然而，与那些童年没有被纵容的人相比，他们的内心会有一种深深的挫败感。他们始终觉得做任何事对自己来说都过于艰难，而且固执地认为一切本该更加容易。

除了极少数患有严重情绪障碍的父母外，大多数纵容孩子的父母都是爱孩子的，只是他们没有意识到自己的行为会对孩子造成什么负面影响。有时，父母知道自己正在犯错，却仍对孩子妥协、退让，因为他们缺乏坚持原则的勇气。

建立规则

为了不破坏孩子的安全感，并逐渐让他们习惯全新的观念，父母应该循序渐进地调整自己的行为。首先，父母需要关注自身的反应模式，不要对孩子的需求无条件地做出回应。我建议父母先回顾过去几天中为孩子做了哪些事情，尤其是那些孩子本可以自己完成的事。

父母可以列出替孩子做的所有事的清单。列完清单后，也许父母会发现，孩子已经到了可以自己穿衣服的年龄，可他们还在帮孩子穿衣服。或者，父母发现自己变成了一个会说话的闹钟，每五分钟就提醒孩子现在几点了，还有多长时间就得做什么事。通常，父母会为孩子做的事有：加热食物，把食物端上桌，擦桌子，收拾孩子到处乱丢的东西，提醒他们要参与的活动和要完成的作业，给他们倒水，帮他们拿明明能够着的东西,随时随地带他们出门,等等。这些看似关心的行为,实际上剥夺了孩子自主发展的机会。

父母可以慢慢停止做这些不必要的事。父母应教孩子如何做那些他们还不会做的事,训练他们,但不要替他们直接完成。例如,父母可以说:"来,我教你怎么用洗衣机。"如果孩子做不到,试着鼓励他们:"不要放弃,再试几次你就能做到了。"当孩子遇到困难时,表达对他们的理解和同情:"这很难,我理解你。"

如果父母相信孩子,便会发现他们能做的比你们想象的多得多。他们充满创造力、天资聪颖且善于思考。如果他们没做某事,那就让他们体验没做这件事的后果,比如因为没有收拾房间导致找不到所需的东西,或因为没有把衣服及时放进脏衣篮而没有衣服穿。正如德雷克斯所说,这样,孩子就能通过经历来理解责任的意义。如果孩子想避免不快的后果,就必须改变自己的行为。

除了不再做不必要的事,父母还应该教孩子学会延迟满足。比如,父母只在生日和某些重要场合给孩子买礼物。如果孩子想要某样东西,他们可以将愿望记在一个"愿望笔记本"中,在特别的日子到来时从中选择最想要的礼物。同时,可以给孩子定额的零花钱,让他们学习储蓄。这笔钱应每周按时发放,孩子不得提前支取。通过这种方法,孩子会逐渐明白物品的价格和价值之间的关系,并学会管理自己的财富。

父母通过倾听、关注和鼓励对孩子表达赞赏,而不是替他们做事或无节制地购买礼物。此外，父母还要教导孩子承担一些简单的家务，比如为家人倒水、泡茶或做三明治。

当父母提出这些新的要求时，孩子不会表现得非常热情。在很多情况下，他们会继续发号施令或非常不开心。此时，父母必须以同理心做出回应："你比你所想的更有能力。"如果孩子质疑为什么不能像以前那样，父母可以解释："我们意识到自己之前承担了属于你的责任，现在我们明白这种做法是不正确的。"

"停止效劳"是一个循序渐进的过程，可能会持续数周甚至数月。但父母要注意，不要让这个过程变成"强制劳动"。

过度保护

父母对孩子的过度保护也是有害的。

德雷克斯在书中写道，勇气是最重要的品质。勇气并不是无所畏惧，而是即便恐惧却仍具备行动的能力。勇气的"反义词"是不安，不安会使一个人把注意力集中在自己身上，并将精力放在维护自尊心上，而不能专注于需要完成的任务。勇气是自信的体现，是相信自己能自如地应对这个世界的力量。

小孩子天生就具备勇气。他们张开双臂迎接各种体验，以无尽的好奇心靠近任何出现在他们眼前的事物，通过触摸、品尝、嗅闻和倾听，竭尽全力练习新技能，如爬行或走路。疼痛不会阻止他们一次又一次地尝试、探索、学习和完善自我。

而父母过度保护的行为会抑制孩子发挥与生俱来的勇气。

四岁的马蒂亚斯告诉父母,他在幼儿园里想发言时,老师没有注意到他。于是父母找到老师,请她不要忽视自己的孩子,因为他有点儿害羞;雷纳塔的父亲看到女儿很难在儿童游乐区的绳索金字塔上攀爬,于是毫不犹豫地把她托起,在众多孩子之间为她开辟了一条向上攀爬的路;塞尔希奥在班上没有朋友,因此很难参与到游戏中,他的父母便向班上其他孩子的父母提议,请求他们的孩子和塞尔希奥一起玩。

在这些案例中,父母都寻求一种即刻解决问题的方案,企图让问题消失。父母介入的方式各有不同,但都没有真正帮助孩子成长。

老师无法每次都顾及所有孩子,毕竟时间有限,不可能总让所有人都发言。当马蒂亚斯告诉父母老师没有注意到他时,父母的反应应是:"其他孩子很可能也会遇到同样的情况,不仅仅是你一个人。可能老师没看到你,或许你可以把手举得高一些。"如果父母注意到孩子害羞,就应该努力让孩子大方起来。

对于不敢攀爬器械的雷纳塔,父母需要培养她的安全感。父母可以在没那么多人的时候带她去公园,让她练习攀爬,让她更熟悉器械并更有安全感。父母还可以与她沟通,了解她的想法,比如说:"我发现有很多孩子在的时候,你喜欢等一下再去玩,这是为什么呢?"或者说:"我能怎么帮助你?你想尝试一下吗?"

对于塞尔希奥,父母可以帮助他增强社交能力,可以与他分享自己的经历，以此培养他对其他人的好奇心和同理心。

如果孩子遇到困难并告诉父母，父母应该表现出同理心，想一下孩子遇到这种困难是缺乏哪种能力，然后训练、鼓励孩子学习这种能力。这种同理心应表现为"认同"，但不能表现为"失望"和"软心肠"。举个例子，如果孩子仅仅某一次不想参加某项活动，父母无须采取任何行动，但如果孩子长期缺乏勇气和对他人的兴趣，总是不爱参加活动，父母就应该关注，并训练孩子加强所需的技能。同时，父母最好能够鼓励孩子直面问题，关注事物的积极面并相信孩子能够克服困难、改善自我。

过度保护摧毁了孩子体验生活所需的勇气，因为这种做法会让孩子感觉自己还小，无须应对各种困难和挑战。过度保护还会导致孩子自卑，让孩子认为各种困难、意外或不公等情形不应该存在，至少不应该发生在自己身上。如果这些情形发生了，就是不公平的。此外，过度保护还会造成孩子恐惧、悲观和消极的情绪。

父母的过度保护传达出一个极坏的信息：世界充满了威胁和绝望。这会让孩子变得多疑，产生自卑感和依赖性。

孩子面对困难时，父母合理的反应应该包括同情、信任和支持。父母不要轻视困难，也不要拒绝表达情绪，但要传递给孩子积极的态度：这件事虽然令人不快，但也不是什么大事。

过高的期望

除了纵容和过度保护之外，设定过高的期望也会导致孩子产生回避行为。由于孩子极度渴望归属感，任何可能威胁到归属感的事情都会被他们深深记住。因此，当父母生气或表现出失望时，孩子可能会认为自己不够好。如果父母把过高的要求作为爱与尊重的"条件"，则会让孩子觉得自己不够优秀或没有价值。长此以往，这种教育方式不仅不会激励孩子积极参与活动或追求卓越的表现，反而会摧毁他们的勇气。因为孩子意识到自己无法达到父母设定的不切实际的期望，他们不断品尝到失败的滋味。

对孩子抱有过高期望的父母通常不会直接对孩子说"你必须完美"或"你不准犯错"，他们往往会对孩子的日常行为表现出失望、生气、轻蔑的情感，而对于优秀的表现，父母则会非常自豪并高度赞扬。

当父母表现得失望时，他们向孩子传达的信息是：你不够好，要成为有价值的人必须完美，至少要非常成功。

父母对孩子都会有所期待：他们希望孩子在做决定时能够理智，期待孩子尊重自己和他人，以持之以恒的努力实现自我价值。

然而，父母不切实际的期望可能会使一些孩子竭尽全力去满足父母的期待，而使另一些孩子提前放弃。

那些不惜一切代价努力实现父母期待的孩子，可能会成为我们在第一章中提到的那类成功人士，他们取得了很大的成就，但也付出了高昂的代价。他们认为世界上的人分为两种：赢家和输家。因此，他们认为赏识、接纳、爱都是由他们取得的成就带来的。

这种以结果为导向的价值观不仅限制了孩子的成长空间，还可能导致他们形成一种狭隘的世界观，甚至成为回避者。那些内化了这些过高的期望但不相信自己能够实现它们的孩子，往往会彻底放弃一切积极的努力。

过度批评

阿德勒认为，人类改善自我的愿望并不来自外在或内在的批评，努力实现自身潜力是人们与生俱来的能力。

这种能力可能会出于对失去自尊的恐惧而被抑制。我们最大的恐惧莫过于害怕失去自尊心和归属感。每个人生来就有价值，无论在何种情况下，他的价值都不会改变，哪怕失败或犯错，而家长过于严厉的批评曲解了孩子对于自我价值的认知。极端形式的批评，如轻视、羞辱或持续不满，会对自尊心造成极其严重的伤害。

那些帮助孩子培养勇气和社会情感的父母，会使孩子健康成长，拥有完善自我的愿望和能量。鼓励成长和培养社会意识意味着家庭与周边环境最大程度上保持和谐，因此家长不必批评孩子，孩子也会主动为振奋人心且有价值的事而努力。相反，批评会让孩子感到自卑，并使他们很容易因恐惧而做出改变或产生抵抗情绪。

父母在年幼的孩子眼里是"万能的存在"，因为他们几乎完全依赖父母。因此，父母的批评对孩子造成的创伤是很大的。过度批评会被孩子理解为"我有问题"或"我不够好"，在孩子的自尊心上划出一道裂痕，播下怀疑自我的"毒种子"。这些种子生根发芽后，即便是与亲爱的人相处多年或得到了最有效的心理治疗，也很难根除。

人类并不是完美的物种。人总会犯错、失败，而且总有缺陷。我们每个人都有令人不快、引起他人甚至自己厌恶的特质和行为。即使是那些意识到自己的缺点并尽力改进的人，也永远达不到完美。

任何批评他人的人都认为自己的批评具有建设性，认为批评的目的是提醒对方哪里不好，并鼓励他们改进。但在现实生活中，很多批评就像一盏耀眼的聚光灯，让被批评的人紧闭双眼，下意识地想要逃离。被批评的孩子往往会采取一种消极对抗的态度：故意唱反调以表达不满。因此，过度批评会激起孩子的抵触心理，使其产生自我辩解的需求，抑或产生愤怒并激发反抗。

正如纵容和过度保护会让人失去尝试的勇气一样，不当的批评同样可能剥夺孩子面对错误和改正错误的勇气，导致孩子陷入绝望和回避。

你起码应该是完美的

一般来说,那些过度批评孩子的父母要么是惯于批评自我的人,总是对自己要求苛刻,要么是认为自己永远不会犯错的人。

一个总是批评自己的人是不快乐的、悲观的,他们难以感受到生活的乐趣,更不用说获得满足感了。孩子会通过模仿来学习父母的行为和态度,因此在这种环境中成长的孩子也会倾向于用批判的眼光看待自己。此外,孩子可能误以为父母对自己的不满反映了其自身的缺陷,认为只有通过不断取得"非凡成就"才能证明自己的价值。

在长期处于郁郁寡欢且批评声不断的家庭环境中长大的孩子,很难找到合适的模仿对象来塑造健康的自我认知。所谓"合适的榜样"指的是既能接纳自己(包括接纳自己的优点和缺点),又愿意努力做到最好的人。这类人能在犯错时具体问题具体分析,致力于寻找解决方案。

真正健康的教育方式应该建立在接纳的基础上,接纳并不是对不完美的妥协,而是承认现实并愿意包容它。接纳意味着认可这样一个基本事实:我们并不完美并且永远不会完美,我们总会犯错,因此总会有改正和完善的空间。我们有必要认识到,自我接纳与完善自我之间并非对立,而是相辅相成的。这种健康的认知既能避免因过度批评而产生的自信心丧失,又能为持续的成长和发展提供必要的动力和支持。

孩子会犯很多错，他们会弄脏、弄坏、丢失东西，会考试不及格……在应对这些情况时，父母有必要传递出这样的信息：没有人期望他们完美，犯错是生活的一部分，犯错并不意味着他们不好。孩子犯错后，应当让他们体验错误造成的后果。例如，如果孩子弄丢了手机，可以先从他的零花钱中扣除一部分，等到某个特别的日子（比如生日）时，再买一部新手机。在此期间，孩子可以使用仅配备基本功能的其他电子设备。如果孩子把东西弄脏了，就应该让他们自己清理；如果孩子忘记了什么，就得不到它了。

代替批评的方法

不进行过度批评绝不是让父母忽视或默许孩子的有害行为或不可接受的行为，而是采用一个替代方案来阻止这类行为，但无须表达那些可能损害孩子自尊心的负面情绪。

因此，我们需要实践积极和民主的教育方式。阿德勒学派称这种教育方式为"将行动和行动者加以区分"，即孩子本身没有什么不好，需要纠正的是孩子所做的事。避免一概而论很重要，家长应避免"你总是只想着自己"或"你从来什么也记不住"这类话语。我们要强调积极的方面，而不是突出消极的方面，我们要把注意力转移到想要让其发生的事情上，而不是纠结于已经发生的事。比如，与其说"你把它打破了"，不如说"我们来把它修好"；与其说"太脏了"，不如说"我们来看看怎么清理这个污渍"。父母的这种反应会让孩子更愿意改正和学习。

促进沟通

在与数千名父母接触的过程中,我注意到一种非常有效的沟通方式,可以使孩子们听取父母的意见,而不是像批评那样导致孩子因维护自尊心而封闭自我。这种沟通方式有三个要点:认真观察与倾听,反映观察到的内容,激发孩子对其他可能性的好奇心。

第一个要点是认真观察与倾听。父母需要确定孩子遇到了什么困难,并找到合适的应对策略。

第二个要点是反映观察到的内容。父母应当只向孩子描述他们所看到的,而不是对所见的内容发表看法。比如父母可以说:"我看到里卡多来了以后,你不让他玩你的玩具,由你决定你们该玩什么游戏,然后你们吵了起来,里卡多哭了……"

第三个要点是激发孩子对其他可能性的好奇心。父母应当向孩子展示不同的选择。比如对上面的事,父母可以说:"你们可以分享玩具,这样你们俩都能玩得开心,也能维持你们之间美好的友谊。"

通过这种沟通方法,父母不仅能帮助孩子认识到问题所在,还能引导他们思考其他可能的解决方案。这种方法不仅限于指出孩子的消极行为,同样可以用于反馈积极行为。"你总是愿意尝试新事物""我看到你有时会让步,有时会坚持自己的立场,这样做很好。"这种鼓励不仅可以激发孩子思考、促进改变,还能唤起孩子采取不同策略的意识。

案例描述

13岁的莱安德罗和他的父母一同来找我咨询。与其他青少年相比,早起对于莱安德罗来说更困难。每天早上都是一场噩梦,充斥着父母的喊叫声和儿子的谩骂声。莱安德罗一脸愤怒地坐在我面前,他说他来咨询,是因为如果拒绝,父母就会没收他的电脑。我说:"我听说你早上起床很困难。"我问他是否听说过"生物钟",他抬起头,若有所思。我又对他父母说:"我不是这方面的专家,但我觉得他是那种晚上效率更高的人。""你觉得晚上更清醒、更活跃吗?"我问莱安德罗。他点了点头。

我接着对他说:"我有一个好消息和一个坏消息。好消息是你长大以后可以去找一份不用早起的工作,坏消息是我们国家没有只有在下午上课的学校,而你还需要几年时间才能完成学业。你打算怎么办?早起上学是大多数孩子都讨厌的事,但他们都做到了。如果你轻言放弃,说明你的意志力、恒心和持久力还不

> 够强。你想让它们变强吗？"
>
> 这些话促使莱安德罗改变了对自我的看法，他卸下了防备心，开始考虑有效的解决方案和应对生活挑战的途径。

结　论

我们认识了三种可能阻碍孩子天性自由发展的行为：纵容、过度保护和设定过高的期望。

纵容包括为孩子做不必要的事，满足孩子的所有愿望，放弃所有要求。纵容孩子的父母希望孩子感到一切都轻松有趣，而不考虑未来的后果。父母应当逐步减少做这些不必要的事，让孩子在适度的挫折中成长。

过度保护会削弱孩子的勇气。父母的过度保护向孩子传递了负面信息：外界很危险，你是弱小且无助的。长此以往，孩子将过分依赖他人，并丧失独立应对问题的信心和能力。

设定过高期望的父母往往会过度赞美出色的表现，而对普通或未达预期的表现施以轻视甚至批评。这种方式容易让孩子形成急功近利的价值观，或者采取回避的态度面对生活中的挑战。

13 鼓励行动的积极育儿行为

根据阿德勒的理论，想要培养出具有高度自主性的孩子，父母需要完成三个目标：帮助孩子建立归属感，增强孩子的社会情感，训练孩子的合作能力。

归属感是指个体对某一群体产生亲切、喜爱、依赖、认同的心理状态。一个有归属感的人能清楚地认识到自己是群体中的一员，感受到关爱和重视，并意识到自己的能力和价值。一个在接纳和支持他的家庭环境中成长的孩子，能感受到家庭对他的爱和关怀，从而学会爱自己。如果父母根据孩子的实际能力和发展特点设定合理且可实现的目标，孩子就能逐渐建立起对自己的积极认知——既认识到自己的优势，又相信自己有能力应对挑战。

这样一来，孩子会自信、有勇气和乐观，相信自己有能力面对生活中的种种任务，愿意承担风险，并期待尝试。因此，他们会主动迎接各种挑战，并全力以赴实现自己的目标。相比之下，那些没有培养出勇气、自信和乐观品质的孩子，往往会以悲观的眼光看待生活,怀疑自己的价值。由于害怕失败,他们容易产生退缩心理,面对困难时会选择逃避。

社会情感是一个人对他人和社会表现出的关心与兴趣。具有深厚社会情感的人能够对他人产生认同感,并理性行事。他们有同理心、关怀他人、能与人互助互爱,这些品质对于建立健康的人际关系和获得幸福感至关重要。此外,归属感和社会情感密切相关。归属感的缺失往往会影响孩子社会情感的发展。

合作能力是民主化教育理念的重要组成部分。家长希望孩子能够发展出独立思考的能力,而不是一味地随波逐流。同时,家长希望孩子能理解秩序和任务分配的必要性,能按时完成任务,无论在家庭中还是在社会中,都能有效行动,并与他人和睦相处。通过合作,孩子不仅能增强独立性,还能建立起对自身能力和责任的清晰认知,为未来的生活打下坚实基础。

归属感、社会情感和合作能力是对抗自卑、孤独和回避的强劲"药丸"。

在本节中,我将介绍几种培养孩子独立能力和建立良好关系能力的育儿方法,以避免孩子产生回避行为。

第一个目标:培养归属感

归属感建立在两个核心基础上:被关爱和被重视。

为了培养、增强孩子的归属感,父母应该多花时间观察、倾听孩子,享受与他们共处的时光并学会欣赏他们。近年来,越来越多的父母尽管与孩子待在一起，却把注意力放在手机上。这会导致孩子无法与父母进行眼神交流，处于被忽视的状态，很难培养孩子的归属感。

在与孩子互动时，尤其在游戏和家庭聚餐时，我们应把手机放在一边。同样，孩子也需要远离手机。当然，全家人可以在兼具娱乐性和教育性的活动中共享电子屏幕的时间。

在艾布拉姆森汇编的文集中，阿奇·尤塔姆为增强孩子的归属感提出了特别有效的方法：分享、征求意见和请求帮助。

父母通过分享向孩子传达信任，同时能够唤起孩子对他人的兴趣，帮助孩子培养同理心和参与的意愿。我们可以依据孩子的年龄与他们分享各类问题，比如向他们讲述我们一天的经历、我们过往的经历等。

父母还可以经常征求孩子的意见，让孩子意识到自己很聪明、很重要。这么做不仅有助于拉近父母与孩子之间的距离，还能激励他们进行创造性思考，为解决问题贡献自己的力量。

另外，让孩子帮忙，比如整理个人物品、承担力所能及的家务、参与简单的日常采购，也能增加孩子的归属感。孩子们在幼年时期往往很愿意帮助他人。如果我们不从小训练他们承担一部分责任，以后想要他们主动帮忙会比较困难。我建议父母每天让孩子完成一些力所能及的小事，即便孩子暂时拒绝也不要轻易放弃，因为这向他们传递了一个重要信息：你很重要，我很需要你的帮助。那些总是满足孩子的请求却不要求任何回报的父母，其实是在教孩子学会向他人索取一切而无须付出，这将使孩子日后难以维持友谊或伴侣关系。

每个孩子都需要一个信任他的人

德雷克斯认为，父母最重要的任务是鼓励孩子并帮助他们认识世界。在这个过程中，孩子难免会犯错。如果他们摔倒了、受伤了，鼓励是让他们重拾勇气的最有效的方法。

鼓励是一种能够提升他人自尊心的行动或表达方式。在阿奇·尤塔姆看来，鼓励就如同滋养生命的水，缺了鼓励之水，无论是孩子还是成年人，都会枯萎凋零。

在当今社会，我们很容易陷入过度关注错误、缺陷和不足的氛围中。很多人推崇卓越和完美，并将这些视为常态。因此，指出孩子的缺点或失误显得再自然不过，而表扬他们的优点却常被认为是刻意为之。

这就是垂直视角下的社会生活。在孩子的成长环境中，批评和纠错多于鼓励和赞扬。这种失衡的局面中，一句鼓励的话语就像沙漠中的一滴水一样珍贵。

实践中的鼓励

所有父母都希望培养出能够积极、勇敢地面对未来的孩子。鼓励是实现这一目标最有效的方法之一，因为受到鼓励的孩子可以感受到自己的价值，并学会爱自己，相信自己的能力。他们坚信自己能做任何想做的事，并勇敢地朝着目标前进。他们对他人持开放的态度，乐于建立和维护社交关系，并且具备关爱他人的能力，同时能享受自我成长的过程。

与未得到鼓励的孩子相比，得到鼓励的孩子不会因为犯错或失败而意志消沉，他们可能会失望、悲伤甚至愤怒，但不会绝望或感到自己没有价值。如果事情没有按预期发展，他们会意识到自己需要调整方法或把注意力放在其他事物上。即便他们的自尊心受到伤害，他们也会迅速振作，重新投入生活的怀抱，找到继续前行的力量。

鼓励的重点在于关注事物的积极面。鼓励孩子时要避免使用带有否定意味的词语，如"但是""遗憾"等。与其说"事情不是这样的"，不如说"我们需要更努力地学习或工作"。

我们必须要承认，错误和缺陷是人生的一部分，但更重要的是在认清这一点后保持勇气继续尝试。可以说，被动的人就是丧失勇气的人。鼓励可以改变一个人的思维模式，帮助他从"我一无是处"转变为"尽管有缺点，我还是有用和有价值的，我有能力超越自己"。一个能够自我鼓励的人不会轻易放弃，因为他始终相信希望的存在。

有害的赞美

"卓越""极好""惊人""迷人""天才""美妙""冠军"……这些赞美表达了对成就的认可，并强调了一个人的能力和才华。然而，这些赞美可能让人丧失勇气，其有害程度不亚于批评。

对成就给予赞美并不能真正鼓舞人心，因为这是一种有条件的欣赏。如果没有成就，赞美就会消失，取而代之的是批评或失望。如果我们对孩子取得的成就大加赞扬，便向孩子传递了这样一则信息：你的价值等同于你所取得的成就。这种做法会增加孩子对失败的恐惧，让孩子倾向于回避挑战，以避免面对可能的失败或批评。

杰出的心理学家卡罗尔·德韦克曾在论文中描述过一个实验。在实验中，孩子们在成功完成了不同任务（比如拼图）后得到赞美。一半的孩子得到了"你很聪明"的称赞，另一半的孩子得到了"我看得出你很努力"的称赞。大多数"聪明的孩子"拒绝了研究人员提出的接受更复杂的任务的请求，而那些因努力而受到赞美的孩子则愿意继续尝试。因此，德韦克提出了"固定心态"与"成长心态"的概念。她在书中解释道，因品质或天赋得到赞美的孩子会形成一种固定心态，认为智力或天赋是与生俱来的，要么有，要么没有。相反，因坚持不懈而受到鼓励的孩子则会养成一种成长心态，认为能力可以通过学习和努力来培养。德韦克通过大量研究证明，具有成长心态的孩子能享受学习，即使在经历失败后，也会继续努力。

如果我们对提出一个新想法的孩子说"你是个天才"，孩子可能会认为自己特别聪明。长大后，如果他发现自己只是个普通人，他会经历怎样的心理变化？

赞美通常与垂直视角有关，并多与比较有关。"你是最好的""没有人能和你相比"，这种表述虽然看似积极，但实际上可能引发不必要的竞争心理。竞争会将他人变成对手，甚至敌人。鼓励的核心意义不在于将人与人进行比较，而在于关注个体本身的进步和成长。具体来说，鼓励应该聚焦于某一个人，根据他为自己设定的目标以及所取得的进展给予认可。父母尤其应注重培养孩子建立内在标准的能力，而非依赖外界评判（如成功或失败）来衡量自我价值。只有这样，孩子才能在成长过程中保持自信与积极的态度。

正确的赞美

经验不足的父母常常会不自觉地过度称赞孩子。因此，我创建了"赞美语言对照表"，以帮助父母使用正确的语句来强调努力和劳动，而不是让孩子自认为天赋异禀或无与伦比。

孩子的表现	错误的赞美	正确的赞美
帮助他人	你真了不起。你救了我。你是最棒的。太神奇了。你是个天使。你是个圣人。	谢谢，事情变得简单多了。这么做很有用，你帮助了我。你这么做真好（指明具体行为）。

孩子的表现	错误的赞美	正确的赞美
成功完成某事	你是冠军。你是了不起的人。你太完美了。这太惊人了。	我不知道这件事可以这样完成，你也一定为自己感到自豪吧。告诉我你是怎么做到的？你一个人就能做到，真了不起。
正在努力完成某事	你会很快做到的，这没什么难的。这件事轻而易举。没有人能与你相比。	我非常欣赏你的努力。看起来你在做一件你喜欢的事情，真好。你正在探索新的领域。你投入了很多时间和精力，努力是值得的。
关心他人	你真是光彩照人。你真善良。你很慷慨，没有人能和你相提并论。你是学校里最善良的孩子。	你很理解他的感受，你的体贴让人感动。面对他的伤心，你能给予鼓励，真是太棒了。你很擅长倾听和回应。

孩子的表现	错误的赞美	正确的赞美
独立	你已经长大了。你独立了。	你正在进步，继续保持这种独立的能力。你可以独立完成任务，真是个负责任的孩子。

第二个目标：增强社会情感

在一次演讲中，精神病学家罗伯特·沃尔丁格分享了一项研究结果。这项研究试图确定在人的一生中能让人感到幸福的各种因素。为此，研究人员对70多万名毕业生进行了长达75年的跟踪调查。他们每年都问毕业生这个问题："目前什么让你感到快乐？"研究人员最初假设成功、财富和名望是被调查对象在成年后追求的主要目标，并认为这些将是影响幸福感的主要因素。然而，研究结果表明，社交关系的质量是幸福感和满足感的主要来源，而孤独是导致身心和认知衰退以及寿命缩短的主要因素。

从研究中我们能得出结论，幸福的生活首先建立在良好的人际关系之上。在演讲中，沃尔丁格建议观众努力维持良好的人际关系，增加与他人面对面的互动。但想要做到这几点，首先需要人们有心去关注他人并与他人建立联系。换句话说，一个人必须对他人感兴趣，并愿意为他人投入、付出努力，此外还需具备必要的能力和技巧，才能维持良好的人际关系，增加与他人面对面的互动。对于那些一直把自我需求和愿望放在首位的人来说，他们很难有对他人的同理心和为他人付出的意愿与能力。

要增强孩子的社会情感，就必须引导他们成为家庭的一部分。当孩子出生时，整个家庭会自然而然地以他为中心，但随着孩子的长大，父母需要有意识地帮助他逐步融入日常生活的秩序中。

为了增强孩子的社会情感，父母必须教导孩子关注他人。如果孩子对他人做出负面行为，父母不能忽视或为其找借口。

许多父母很难承认孩子不是天使，或者说很难承认孩子可能会表现得自私自利或令人不快。承认孩子的缺点可能会伤害父母的自尊心。究其原因，这些父母错误地通过孩子来定义自己。如果把孩子放在一个非常重要的位置，而不要求他们关注和考虑他人的需求和愿望，会让孩子产生优越感。如果父母难以承认孩子的负面特性或行为，可能会忽视这些问题或为其找借口，这样就很难纠正这些行为。这种对负面特性或行为的"培养"会对孩子和社会造成伤害。

举个例子，一个青少年告诉她母亲，自己与同学吵了一架。如果母亲对她说："别理她们，她们和你不是一个层次的。"这就忽视了女儿在这件事中扮演的角色，也忽略了她朋友的感受。这位母亲向女儿传递了一个信息：你比别人优秀，如果别人不符合你的期望，最好的办法就是别理他们。

父母可以安慰和鼓励孩子，但这种支持不能以羞辱或忽视他人的权利为代价。上述案例中，这位母亲不一定要为女儿的朋友辩护，但可以强调双方所应承担的责任。她可以对女儿说："两个好友可以共渡这个难关。"

再举个例子，如果父亲告诉孩子不要拽狗的尾巴，因为狗会咬他，这就完全忽略了狗的感受。父亲可以在警告孩子的同时传递情感，告诉孩子不要拽狗的尾巴，因为小狗会疼。如果孩子仍然纠缠这条可怜的狗，父亲应以坚定但温和的态度把孩子和狗分开，让他远离这条狗。之后，父亲还可以向孩子解释："如果狗感到被攻击，可能会为了防御而咬人，因为它们无法说'别拽我'。"

> **练 习**
> 请家长回忆对孩子说话时的语言逻辑，是否总把孩子放在首要地位，而忽视了他人的舒适感和需求？

父母是独立的个体

社会情感包含了对他人的兴趣、同理心和对他人的投入。父母自然会对孩子抱有很大的兴趣，并在他们身上投入大量的时间、情感和资源，这一切都充满了爱。然而，在生命的最初阶段，婴儿仅仅把父母的存在当作自己的需要，认为父母存在的目的是满足自己的需求。阿德勒写道，母亲的任务是唤起婴儿对她的兴趣，之后婴儿会逐渐将这种兴趣延伸到他人身上。

当父母考虑并回应孩子合理且正当的愿望和需求时，他们认为孩子会模仿他们，从而自然地学会对他人感兴趣并成为利他主义者。然而，这是个误区。如果父母对孩子表示关心，孩子会认识到自己的需求和愿望是值得关注的；当父母给予关注和回应时，孩子学会了期待和接受。但想要让孩子学会付出和关注他人，父母应该向孩子索要一些东西。换句话说，孩子应该学会将父母视为独立的个体，父母不仅仅是为了满足孩子的需求而存在。

父母经常会在自己的需求与孩子的需求产生冲突时，放弃自己的需求。举一个典型的例子，孩子在父母听广播或看电视时要求换台。在大多数情况下，父母会答应孩子的要求，放弃自己正在看的节目。这种选择看似是为了避免争执，但长期来看可能传递了这样一个信息：父母可以随时放弃自己的需求以满足孩子的愿望。

再举一个例子，母亲对孩子说"我累了"，但在孩子的反复请求下，她还是继续陪孩子玩耍。母亲这么做的结果是在告诉孩子，言语和行动之间不存在必然的联系，母亲的疲劳并不值得被关注。

我给父母的建议是坚持表达自己的需求和愿望。这样做的目的并不是要父母忽视孩子的需要或者自私地只顾自己的需求，而是要父母思考，是否正在否定自己作为独立个体的重要性。

近在咫尺的榜样

当孩子看到父母帮助陌生人，对他人表现出友善和礼貌，遵守规范时，他们会认为这是人类的自然行为。此外，父母可以通过日常微小的行动给孩子做榜样。例如，在公共汽车上给孕妇让座；为了后面走上来的人不被门撞到而扶一下门；向为我们工作的人问好；在收银台结账时不打电话，不要像对待机器人那样对待收银员；在指定区域内停车……

除了做榜样，父母还可以培养孩子的同理心，鼓励孩子多做一些为他人付出和关心他人的事。可是，父母往往更容易注意到孩子的消极行为，因为这些行为通常比积极行为更"显眼"。如果父母把注意力集中在孩子的负面行为上，会发现这些行为出现的频率越来越高，但如果把注意力集中在积极的社会行为上，情况也会如此。因此，父母需要对孩子的利他行为持续给予积极的反馈，只有这样才能使孩子建立起对利他行为的认同感。

在利己主义时代发展社交能力

社会情感是一个人社交能力的基础。社交能力是指有意愿、有能力对他人产生兴趣，与他人建立信任和联系，关爱他人，与他人分享和合作，认同和接受他人。约翰·戈特曼在他的书中指出，缺乏社交能力的人难以信任他人，而社交能力强的人能够更好地判断谁更可靠。社交能力强的人相信自己，同时拥有足够的心理能量来承受可能出现的失望或背叛。

父母作为孩子的重要榜样，需要通过自身的行为向孩子传递对人际关系的积极态度。父母可以评估自己是否在努力维持自己的友谊，或者是否为了育儿而放弃了自己的朋友。

当一个人既能关心个人需求，又能兼顾他人需求时，他会为自己有奉献能力和成为他人生命中重要的人而感到幸运。一个社会情感深厚的人会享受为朋友、伴侣做出贡献的过程，并愿意在平等互惠的基础上付出努力和做出让步。阿德勒认为，对于一个社会情感极强的人来说，为他人付出是像呼吸一样自然的事。

社会情感是对抗回避行为的良方。为了培养孩子的社会情感，家长应鼓励孩子多参与活动。活动对于勇气而言必不可少，因为只有通过实际行动和训练才能培养各种技能和能力。自信心是在克服困难和磨炼能力的基础上建立起来的，只有自信的人才会愿意为新的目标付出努力。然而，在这个时代，让孩子积极行动起来不是一件简单的事。我的建议是：出门，走出家门！这样做可以让孩子远离虚拟世界，减少被动娱乐，更多地接触真实的社会环境并进行人际互动。

社会情感对于培养勇气至关重要。当一个人专注于他人的需求并致力于为他人做出贡献时，他的注意力就会从关注自我转移到解决问题和帮助他人上。如果一个人过于在意维护自尊心，便会越来越害怕失败，因为失败被他视为失去价值，他会觉得遭到羞辱。相反，如果一个人全心全意地投入解决具体问题或帮助他人上，放下"自我"，就能更好地克服恐惧、专注于目标。

深厚的社会情感能有效消解恐惧心理，尤其能帮助人们克服对失败和被拒绝的焦虑。任何人都可以通过增强社会情感来提升勇气。如果某个行动对满足他人的需求而言是必要的，那么即便要冒失败的风险也值得尝试。例如，一个害怕舞台的女孩可能会同意参加毕业演出，因为她明白自己的缺席会破坏朋友们对演出的期待。

第三个目标：训练合作能力

民主型父母希望教会孩子承担责任和与人合作，但很多民主型父母不知道如何在不喊叫、威胁、批评或惩罚的前提下实现这些目标。为此，德雷克斯发明了一种有效的方法。

惩罚的替代方案

德雷克斯将那些由孩子的错误行为造成的负面结果称为"自然后果"，这种后果无须父母干预。比如，如果孩子某天忘了带外套，他会感到冷，父母无须去给他送衣服；如果孩子忘记把点心带到学校，他会感到饿，父母也无须去给他送点心。

如果孩子为错误行为付出了代价，日后就会为避免这种不愉快的经历而尽量不再犯相同的错误。然而，纵容孩子的父母很难让孩子体验到自然后果，因为他们会过度保护孩子。

不过，在让孩子体验自然后果这件事上，父母应注意两点。第一，错误的行为往往不会立刻造成自然后果，因此孩子可能不会联想到行为与后果之间的关系。例如，如果一个孩子拒绝刷牙，其后果（如蛀牙）几个月后才会出现，孩子很难将去看牙医与拒绝刷牙联系起来。第二，有些自然后果非常危险。例如，如果孩子过马路时不注意观察交通信号，就可能导致无法挽回的后果。上述两点促使德雷克斯提出了更具创造性的理念——使用"逻辑后果"。

逻辑后果是父母对孩子不良行为的反应，但与惩罚不同的是，逻辑后果与行为举止之间存在明确的逻辑关系。比如，父母不要说"如果你不能和我正常沟通，我就不让你看电视"，而应说"如果你礼貌地询问我，我会更愿意回应你的需求"。另外，父母不能让逻辑后果变为惩罚，因此，父母行事时还需满足两个条件。

第一个条件是尊重。逻辑后果不应诉诸武力、羞辱或威胁，而是要以一种中立、理性和合作的方式展示行为与结果之间的联系。逻辑后果的核心在于让孩子的行为与后果直接相关，而不是父母对孩子的"报复"或施加的不合理的要求。

第二个条件是合情合理。孩子弄脏了东西就需要负责清理，孩子弄坏了东西就应由他来修复或用自己的零用钱买一个新的。父母应将孩子的不良行为视为需要纠正的错误，而不是需要经历羞愧和痛苦才能弥补的过错。当孩子能够将体验的后果与自己的行为联系起来时，才算真正吸取了教训。换句话说，民主型父母不会因为孩子行为不当而予以责骂或惩罚，而是帮孩子认识到这种行为是不当的，并需要为此付出一些代价。

比如，当一个婴儿开始玩弄盘中的食物时，父母不要试图说服他、陪他玩、发怒或威胁，而是可以说"我知道你已经吃饱了"，并将盘子撤走。如果婴儿哭泣，父母也应保持友善而坚定的态度，不应妥协。稍后，如果孩子再次要食物，父母可以提供一些健康的零食，比如苹果，尽管孩子可能对苹果不感兴趣。再比如，如果一个孩子对母亲不礼貌，母亲不必回应或批评她，而应离开房间，并对她说："当你以恰当的方式与我交谈时，我会回来。"

为了通过使用逻辑后果纠正孩子的不当行为，父母需要做出合理的回应，同时这些回应应与需要纠正的行为具有直接关联。之后，告知孩子我们会做什么，而不是假如这种行为再次发生，孩子应该做什么。使用逻辑后果之前，父母只须一次预先提醒，无须多余的解释、警告或给予孩子第二次机会。举个例子，父母可以提前告诉孩子在游乐场游玩的规定，如果他坚持从游乐场中的游乐设施上跳下来，就必须离开游乐场，结束游玩。之后，只要孩子"犯规"，父母就立刻收拾东西回家，但在过程中要保持平静,既不呵斥也不惩罚。父母应当保持同理心和友好的态度,同时表达对孩子的遗憾:"我们明天再试一试。"

决定采用这种方法的父母需要有耐心,避免在孩子不改正行为的情况下惩罚他们。

如果孩子没有吸取教训,即逻辑后果不起作用,可能是因为孩子认为在与父母"较量"的过程中,"获胜"对他有利。这种对峙的本质也是孩子将逻辑后果视为一种惩罚。当然,父母也时常无法坚持到底,因为他们受不了孩子受苦,会给孩子第二次机会或因为孩子哭泣而补偿他。

习惯纵容孩子的父母在采用这种方法时会遇到巨大的困难,因为这种方法需要坚持,而他们受不了看着孩子失去某物或经历不适。这类父母一旦完全失去耐心,就会开始威胁或喊叫。

结　论

民主型父母必须学会在不诉诸武力的情况下建立秩序。纵容型父母助长了一种无秩序的自由,孩子在这种环境下无法学会合作和考虑他人的需求。阿德勒向父母提供了多种有效的教育方法,能够帮助父母在良好的氛围中培养具有独立性的孩子。

有时,父母的行为不利于孩子培养积极勇敢的生活态度,这些行为包括纵容、过度保护和设立过高的期望。

纵容会导致孩子养成软弱的性格，难以面对现实中的挑战。家长过多包揽本应由孩子完成的任务、对孩子缺乏必要的要求以及接受孩子的所有愿望和任性举动都是纵容。在父母的纵容中成长的孩子会觉得自己比他人更重要，他人应该立即满足他的要求。这削弱了孩子对他人的兴趣，也削弱了孩子为他人付出、延迟满足、克服挫折以及为实现长期目标而努力的能力。

过度保护是给孩子过多的保护，以免孩子在面临威胁或困难时感到痛苦。过度保护向孩子传达了"世界很危险，你很弱小，需要有人来保护你"的信息。过度保护不利于孩子培养主动性和建立安全感。

当父母对孩子寄予过高的期望时，往往会将非同寻常的成功作为衡量孩子自身价值的标准，并认为任何失误或失败都是不可接受的。在这种环境下成长的孩子可能会被培养出追求成功的强大意志力，导致他们不断努力竞争，也可能导致他们逃避困难，即产生回避行为。这类父母与孩子的主要沟通方式是批评，而批评会对孩子的自我认知造成严重的负面影响。

为了培养出具有良好社交能力、自信乐观且善于合作的孩子，父母必须完成民主型育儿的三大任务：培养归属感、社会情感和合作能力。

归属感让孩子感到自己被爱、被需要，让他们觉得自己有能力、有用。当孩子建立起稳定的归属感后，他们会意识到自己在人际关系网络中的重要性，并更愿意为社会做出积极贡献。

培养社会情感对于孩子的心理健康、建立与他人联系的能力以及为了实现自我而参与活动的能力都至关重要。父母可以通过激发孩子对他人的兴趣，让孩子参与集体活动来增强孩子的社会情感。此外，父母还可以通过以礼待人和共情他人为孩子树立榜样。

培养合作的能力有助于培养孩子的独立性和责任感。孩子在体验到自己的行为所产生的自然后果和逻辑后果后，会调整自己的行为，以避免不良的结果。

14 孩子的幸福不由我们掌控

父母不仅在孩子的生活中扮演着重要角色,也定义了孩子。如果世上存在无条件的爱,那就是父母对孩子的爱。对于父母来说,孩子是最珍贵和最重要的人,他们对孩子怀有高度的责任感。即使孩子已经长大成人,父母依旧会以"孩子"等称呼来表达他们的责任感。

许多父母愿意帮助孩子做任何事,以确保孩子能幸福地生活。孩子如果过得不顺利,父母会感到痛苦。他们担心孩子无法独立,无法找到工作或维持生计,无法从事有意义、令人满意的职业、无法找到伴侣并组建家庭。

每个人在组建家庭时都希望建立一个幸福的"部落"。如果这种理想状态未能实现,特别是孩子对生活的满意度不达标,就会给父母带来深深的伤痛。孩子产生回避行为对父母来说是个严重问题,父母会感到自己必须对此负责,并肩负起改变现状的使命。然而,世上没有人能替他人获得幸福,哪怕是最无私的父母,也不能代替孩子感受幸福。

我们每个人都曾在某个时刻选择逃避压力，推迟艰难、令人紧张的任务，或在超出能力范围的挑战面前选择放弃。但如果回避成为一种下意识的选择，一种在面对任何挑战时都下意识放弃的自动模式，那就是一个很严重的问题。

长期以回避来应对压力会造成严重的负面影响，将削弱一个人承受风险的自信。当一个人习惯性地把"我不愿意"或"我不想做"转化为"我不能"或"我做不到"时，其自尊心和自信心会严重受损。

所有父母都希望孩子过得好，孩子伤心或沮丧会让父母感到难过。那些无法容忍孩子经历痛苦的父母，可能会急于采取行动缓解孩子的不适，却忽视了培养其解决问题的根本能力的重要性。

本节内容献给有长期回避行为的孩子的父母，这些孩子可能是儿童、少年，甚至是仍旧依赖父母的成年人。这些人的回避程度在中度到重度之间，有些人甚至已经被诊断出患有回避型人格障碍。

丧失行动力会导致一个人感到受限制或绝望。因此，回避型人格障碍通常伴随着抑郁、恐惧和其他心理问题。许多专家认为，这些心理症状是导致人们活动水平下降的原因。换句话说，一个人的活跃程度是由个体的主观感受决定的。阿德勒学派认为，心理不适是人们为回避行为寻找的借口，因为假如没有心理症状，回避者就会被要求像正常人一样行动。

生活向人类提出了三个无法回避的基本问题，即工作、爱情和参与社会，只有解决这些问题才能维持个体的生存并确保人类社会的幸福和繁荣。如果对其中一个或多个方面采取回避态度，并且这种状态持续时间超过当前情境所允许的合理限度，那么这就是一个信号，表明回避行为已经转变为一种应对生活的策略。

在接下来的内容中，我们可以看到针对不同年龄段的回避者的行为指南。需要明确的是，父母并不对孩子的选择及其现状负责。任何父母在养育孩子时都会犯错，孩子应该对自己的回避行为负责，这与父母无关。同样，父母也无须为孩子承担责任。每个人都是自己生活的主宰者，没有人可以代替另一个人生活。

当然，根据这份行动指南来做，产生积极变化是有可能的，但没有人能保证，因为每个人都需要按照自己的方式来生活，我们所能做的是让孩子在符合自身价值观和生活观念的前提下行事。

安全方面的指导

我恳请各位父母进行一次深刻的自我反思，真诚地面对在育儿过程中可能存在的失误，并学习以不同的方式去行动和回应孩子。我建议父母停止向孩子提供不必要的服务和经济支持，并不再容忍孩子不礼貌的行为。这些事对父母而言可能很困难，需要逐步实施，并在实施期间给予孩子支持和鼓励。

随着父母行为模式的改变，冲突和愤怒会随之产生，父母可能成为孩子指责和抱怨的对象。孩子可能会批评、羞辱父母或表现出痛苦和绝望。他们还可能不再与父母说话或远离父母。事实上，正是这些原因使许多父母一直没有做出改变，但这种改变不仅是必要的，而且是迫切的。

需要强调的是，这份指南并不适用于那些有生理或精神障碍、无法承担自身生活义务的孩子的父母。在这种特殊情况下，父母需要找到能为孩子提供治疗、康复、居住和相关服务的适宜场所。

本节内容具有普遍性，并不针对某个人或某个家庭。对于准备实践这份指南的父母，我建议咨询一下有相关资质的专业人士，以便制定个性化的行动计划，并从专业人士那里获得必要的支持、指导和鼓励。如果父母担心这种改变会对孩子的心理健康或生命安全造成负面影响，那么除了向上述专业人员求教外，还应咨询精神科医生。

准备好了吗

我注意到，每个回避者身边至少有一位活跃且富有责任感的父母。对这些父母而言，付出和行动是他们生活的一部分，帮助孩子甚至是他们生命的意义所在。这些父母愿意代替孩子承担本该由孩子自己肩负的责任，于是孩子选择做一个什么都不做的人。

艾布拉姆森指出，回避者的父母可以分为两类：第一类父母愿意改变对待子女的方式，并决心寻找新的育儿方法；第二类父母难以改变。

第一类父母认为，孩子的回避行为是严重的问题。他们认识到他们一直以来所做的事情不仅帮不到忙，甚至还帮了倒忙。他们希望在情感上、经济上和实际生活中得到解脱，以便更好地处理自己的事务，过上属于自己的生活，而不必为一个已经成年的孩子持续担忧。

在许多情况下，这些父母是在子女做出某种越界行为之后才猛然意识到问题的严重性的。他们突然明白，持续不断的照顾和付出阻碍了孩子的成长，这样的情况绝不能继续下去。

许多"抚养"成年子女的父母都感到精疲力竭、苦恼甚至绝望。这些父母已习惯照顾孩子。随着时间的推移，孩子长大，父母身体机能逐渐衰退。当父母发现他们所有的努力和担忧非但没能帮助孩子变得更独立、更幸福，反而使孩子变得更依赖甚至无能时，他们会感到失望和绝望。之后，父母会想要采取新的措施，来应对有回避行为的孩子。

第二类父母认为，他们虽然寻求解决方案，但尚未准备好为改变而付出代价。有的淡化了孩子现存问题的严重性，有的把孩子的困境转变成自己的困境。在这类情况中，照顾一个"问题子女"无意中成为他们回避处理个人或两性问题的借口。这些父母很难改变自己的行为模式以及与孩子之间的关系。

这些为子女提供一切便利的父母常常使用各种借口来解释

所处的情形，例如"孩子只是需要点儿时间""他需要找到自我，然后一切都会好起来""年轻人现在的处境很困难""我们都经历过这种事"……他们自欺欺人地认为孩子很快就会振作起来。在几乎所有这样的家庭中，父母两人中总有一方比另一方显得更担忧，不那么担忧的那一方则会表现得更加乐观。"担忧派"认为"乐天派"处于麻木状态，而"乐天派"则认为"担忧派"过于夸张。这种紧张关系使父母双方不能发挥互补作用、共同面对困难，反而是其中一个只管批评和发怒，而另一个则偷偷给孩子提供金钱和不必要的服务。

有些过于"负责"的父母还会通过帮助孩子解决问题来提升自己的归属感。尽管他们已经意识到孩子的问题很严重了，却仍然扮演着"问题解决者"的角色。随着时间的推移，为孩子担忧会成为他们生活的重心。

当孩子走向自己的人生目标时，父母需要面对自己和自己的生活。有些父母热切期盼这一自由时刻的到来，而另一些父母则对此感到恐慌。在这些情况下，仍留在家中或依赖父母的孩子"解决"了父母在这方面的问题。

在一部电影中，演员杰克·尼科尔森饰演了一位患有强迫症的作家，他需要遵循固定、精确的惯例和秩序来生活。多年来，他总是在同一家餐厅、同一张桌子和同一时间就餐。在这家餐厅里，只有由海伦·亨特饰演的服务生卡罗尔能理解他的怪癖，并为他提供服务。卡罗尔有个患病的儿子，因此她经常请假，这让作家感到非常焦虑不安。为了解决这个问题，作家为孩子支付了昂贵的医疗费。当孩子康复后，卡罗尔突然发现她的身份已经被一个患病孩子的母亲定义，而现在一切都没有了意义。她不得不问自己：我是谁，我想做什么职业，以及我想寻找什么样的伴侣。

真心想帮助有回避行为的子女的父母必须问问自己，他们为孩子提供的服务是否同时也在满足自己对人生意义的追求和归属感的需求。如果是，我建议这些父母寻求专业人士的帮助，将焦点从孩子身上转移到自己身上。只有这样，他们才能拥有开放的心态，从而改变现状。

孩子今年三十岁

许多人在三十岁之后依然和父母同住，甚至在年老的时候又回到父母家中。尽管和父母住在一起有诸多便利，但许多与父母同住的成年人都对未来充满了焦虑和恐惧。

当我问他们是什么原因让他们留在父母家时，几乎所有人的回答都是"没有能力租一间公寓"，同时表现出对高昂房价了如指掌的样子。但与此同时，他们又对居住环境提出了诸多要求：只想住在市中心的街区，不想与临时租客分担费用，不愿牺牲舒适感。

尽管这些人多年来一直在父母家中居住，无须为日常开销和房租担忧，但没有谁存下了钱。此外，他们大多数人没有培养或体验过稳定、有意义的人际关系。

这些现象不禁让人思考：他们的父母在其中扮演了怎样的角色？孩子刚成年的头几年，父母表现出了耐心和理解。等到孩子二十五岁时，他们开始担忧。尽管如此，父母仍然试图鼓励孩子，并继续为他们洗衣服、提供生活费。孩子接近三十岁时，父母才意识到问题的严重性，他们错误地让孩子习惯了"五星级"的居住条件，却从未要求孩子对家庭尽任何责任。他们发现，孩子不承担家庭义务，不为他人做任何事，甚至连自己的事也不做。这种状况显然是不合理的，也是需要改变的。

可是，如果父母开始让孩子帮忙，大多数情况下会得到愤怒的回应："现在不行！""哎呀，妈妈，我已经告诉你一千次怎么下载应用了……为什么不向其他人求助呢？"如果父母表达自己的意见、建议或忠告，也会得到无声的抗议。孩子可能持续一段时间不同他们说话，疏远他们或封闭自己，直到父母先败下阵来。在这种模式中，父母无法训练孩子如何与他人合作、承担家务、为自己负责，并最终走上独立的道路，反而是孩子"训练"父母不要请求帮助、不要表达意见，以及继续为他们提供服务和资助。

他们还是孩子

成长意味着独立做决定并承担其后果。在我们成年后的第一个十年中，有两个重要的任务：一是找到职业方向，顺利进入职场；二是建立健康的人际关系网络以及组成家庭。

不过，在我们现在生活的时代，人们结婚的年龄已经推迟了，很多年轻人在三十岁之后还没有顺利找到职业方向。许多高中毕业生不知道他们成年后要做什么，在选择大学专业时，只是为了选专业而选专业，并没有明确的人生目标。基于这些情况，杰弗里·阿内特提出了一个新型人生阶段概念：新兴成年期（十九至二十九岁）。

新兴成年期的人专注于探索自己的身份。他们充满了不稳定性和过渡感，试图深入了解自己的能力和喜好，不愿过早做决定或承担过多责任，以免忽略了自己的可能性。他们心怀梦想，但缺乏具体计划。他们希望在承担责任之前，例如在结婚或生孩子之前，能够了解自己并选择一条适合自己的道路。

这种"新兴成年人"专注于自己，但这并不意味着自私。他们认为改变社会并在这个世界上留下自己的印记意义重大，他们不希望像父母那代人一样为工作拼命。换句话说，新兴成年人认为追寻并深入认识自己、了解自己非常重要。在这一阶段，他们的目标是弄清楚如何对生活提出的问题给出好的答案，尽管不一定是完美的答案。

然而，即便孩子尚未决定学习什么专业或从事什么工作，也不意味着父母应该像照顾小孩那样照顾他们。更值得注意的是，有些新兴成年人并非在追寻的道路上没有进展，他们是在童年和成年之间停滞不前。

心理学家梅格·杰伊在他的书中写道，人生有两个至关重要的任务：找到自己的人生志向和建立一段稳固的伴侣关系。

但是，这两个决定大多是在极度不确定的情况下做出的。我们无法预知他们是否会永远从事现在所选择的职业，以及是否会在此取得成功，甚至无法确定该职业在未来是否仍然存在。至于爱情，尽管有时我们会做出和某人共度一生的决定，但这个决定的不确定性会随着时间的推移不断增加，时刻伴随着风险。如果一个人在这十年内没有完成人生中最重要的这两个任务，那么在接下来的岁月中，完成它们不会变得更容易，反而会更困难。

到了三十岁，许多人对自己解决问题和做决定的能力失去了信心。在有关职业目标、工作稳定性、独立生活和伴侣的问题上，内在的压力和社会的期待交织在一起，让人倍感困扰。

我们在面对选择时都渴望做出完美的决定，却常常陷入痛苦与无奈，因为现实往往需要妥协。当身边的朋友已经开始工作并在各自岗位上有所进展，他们结了婚，有些甚至已经为人父母，回避者便会感到自卑。我经常听到回避者质问自己："为什么大家都在进步，而我却停在原地？"

并非所有人都需要在年轻时确定职业道路和伴侣关系，也不是每个做出这些决定的人都一定会对他们的决定感到满意。然而，那些经历过学习、职业培训、有工作经验并体验过亲密关系的人往往能获取智慧并成长，他们能够更深刻地认识自己，也更能理解世界。

杰伊认为，我们生命中的第三个十年是人生最重要的阶段，她将其称为"决定性的十年"。但对于许多人来说，这一阶段成了"挥霍的十年"。快到三十岁的时候,那些仍未找到自己的志向,无法离开父母的家,无法养活自己,也没有持久和令人满意的社交或伴侣关系的人,往往会因为缺乏历练而显得无力。人生的每个阶段都有其独特的意义和价值,过度拖延或逃避成长的人会付出代价。

改变我们能改变的

阿德勒相信,一个人的一生中没有什么东西是预先设定好的。成长环境、社会背景以及遗传都只是影响人生轨迹的因素,而不是决定性条件。无论面对怎样的境遇,我们都应该鼓励孩子去探索不同的可能,并为自己的选择负责。

我提出了一个改变父母与孩子沟通方式的模型,它包括四个阶段:第一阶段是明确父母的角色,即子女成年后,父母应该扮演什么角色;第二阶段是改善父母与子女之间的关系和沟通方式;第三阶段是父母正式宣布不再干涉子女的独立发展;最后一个阶段是付诸实践,不再为子女提供服务和资助。

第一阶段:明确角色

当我的几个女儿服完兵役回家后,我希望她们能够自然而然地明白自己已经是成年人,不再是小女孩了,她们应该把自己当作我的"合租室友"。我并不要求她们支付电费或租金,但希望她们能够承担一部分家务。然而，令我感到惊讶的是，她们不仅无法察觉到这些需求，完全沉浸在对我的依赖之中，甚至还开始抱怨"为什么家里总是没东西吃"。我尝试了一些方法来改变她们的态度，但似乎都没什么用。

每当我感到难过或迷失方向时，便会求助于我的老师和人生导师——齐薇特·艾布拉姆森。在我与她的那次谈话中，她问了我一个问题："作为母亲，你对自己的角色有什么看法？"

深思熟虑后，我决定与女儿谈谈。我说我爱她们，并会永远支持她们。我想让她们知道，无论处于逆境还是顺境，她们都可以信赖我。我告诉她们，作为称职的妈妈，我愿意承担她们选择的任何专业或职业培训的费用。在我看来，支持她们的学业，让她们拥有应对未来挑战的知识和工具，是我的职责。我还说，我会尽最大努力帮她们购买一套公寓，这是我能做到的极限。

作为成年人的母亲，我决定不再帮她们做饭、采购、开车、打扫房间或清洗衣物。我需要过自己的生活，花时间陪伴我的伴侣和朋友，以及承担与母亲无关的责任和义务。我的女儿和所有年轻人一样，有自己的目标和使命：工作、生活、爱情、伴侣、友谊和社会关系。我的任务是为她们提供工具和方法，以帮助她们过上更美好的生活，并给予她们归属感、关爱、接纳和尊重。

基于此，我为父母提供以下指导：学业和职业培训是最值得的投资，这些投入不仅能够提升孩子的意识水平和能力，还能让他们获得终身受益的知识和工具。我建议父母告诉孩子，你们愿意在这些方面提供帮助，但应当等待子女提出请求后再提供帮助。

对于回避者来说，与心理咨询师或善解人意的人讨论是最容易让他们感到愉快的事情之一。因为这样做除了能够获得支持和同情，他们还会因为自己"在做点儿什么"而心满意足。因此，对于回避者的父母，我的建议是只支付促进孩子真正改变和成长的治疗费用。

我们应该告诉孩子，有时也要告诉治疗师，我们将支持他们为实现具体目标而制定的方案。我们可以先支付三个月的治疗费用，之后再评估效果并决定是否继续治疗。治疗可能是个漫长的过程，但对回避者来说，坚持很重要。如果治疗只带来了微小的改变，我们仍要保持耐心；如果治疗没有任何效果，我们就必须考虑更换治疗方法。

除此之外，我不建议父母承担成年子女的日常开销，比如保养车辆或购买手机。这种支持不是帮助，而是纵容，会削弱孩子的工作动力。因为这会让他们意识到，无论怎样都能轻易获得自己想要的一切。

如果父母包揽所有娱乐活动和生活的开销，孩子会缺乏坚守岗位的责任感，可能会因为一点儿不愉快的事就辞职，并啃老。他们还会颠倒作息：白天睡觉，晚上外出。父母几乎见不到他们，偶尔碰面时会趁机训斥他们"颠倒作息不利于健康"，或逼问他们"工作找得怎么样了"，或批评他们"你真是个寄生虫"。但这些话毫无用处，因为父母的行为造成了现状，而父母的言辞恶化了亲子关系。其实，父母应该用行动来设定界限，并用言语来促进关系，提升孩子的归属感和自尊心。

父母的愿景

成年子女的目标是什么？当他们成年后，父母的责任是什么？

什么是个人愿景？它是我们想要在未来实现的图景。请父母们想象一下未来家庭的理想模样。为了更好地梳理这些想法，我建议父母找个舒适的地方坐下来，远离手机和其他电子产品。请花费大约二十分钟，想象你们在不同的生活场景中如何以尽可能好的方式对待孩子；想象你们希望如何回应孩子的各种请求，尤其是那些你们不愿满足的请求；想象当孩子做出你们认为不正确的决定时，你们的反应如何……

设想未来的愿景有助于联结思想与情感，激发灵感。

在创建未来的愿景后，比较当前的行为和想象中的行为：哪些已经奏效且希望保留？哪些未能奏效？父母之间应进行讨论，找出共同点和分歧点。一般来说，父母中的一方更容易纵容和保护孩子，而另一方更倾向于设定界限。试着达成一个最低限度的共识，作为共同的目标。

根据艾布拉姆森的观点，父母之间存在分歧通常表明两人都犯了错，他们所持的教育态度可能都过于极端。

依据我的经验,阿德勒的方法在拉近父母之间的不同期望方面非常有效,因为他的方法主张设定界限,但同时充满友善和爱意。如果父母掌握了某种既有效又讲究尊重的育儿方法,便可以行动一致。一旦父母达成一致,便可以设立一些简单的目标来付诸实践,例如停止那些对于培养自尊心、良好关系或负责任等独立性能力不利的行为,转而做那些有助于实现目标的行为。

第二阶段:改善关系

在大致达成共识后,我建议父母中止某些破坏与孩子之间关系的行为,建立一种以共情、对话、合作、互助和鼓励为基础的积极亲子关系。如果关系有所改善,家庭氛围和成员间的日常沟通也会发生积极的变化。随后便可以进入下一个艰难的阶段。

父母可能不会立即看到孩子在人际关系方面的显著变化。请记住,父母只需要对自己的行为负责。如果父母不再批评和施压,并在几周内始终如一地为建立积极关系付出努力,努力建立一个充满信任、亲近、尊重和关心的沟通环境,为孩子提供足够的心理支持,就足够了。

长期回避者的父母都会犯两大错误:一是无条件提供服务和经济支持,二是批评和抱怨。改变这两点的方法很简单:停止支付生活费,不再批评他们。由于停止提供服务和经济支持可能会影响父母与子女之间的良好关系,因此我们必须建立起能够承受这一冲击的思想基础。

在接下来的内容中,我将分析那些对良好亲子关系和沟通有害的行为,也将介绍那些有益于亲子关系的行为。

父母不该做什么

回避者的父母深切地感受到孩子的痛苦与困扰,并为孩子的未来担忧,为孩子表现出的无所作为和懒散而愤怒。他们因持续付出而筋疲力尽,最终因身心俱疲而产生一种无力感,并对孩子表现出冷漠的态度。

这些父母无法忍受孩子遇到困难,因此不断地为孩子提供各种帮助。同时,父母也会对孩子表现出明显的不满和失望,例如批评孩子的消费习惯,指责其挥霍无度,或是表达对现状的不解与担忧。最终,孩子只能接收到来自父母的怜悯、担忧、失望、愤怒和批评。父母的这些行为不仅对培养孩子的责任感和独立性没有帮助,反而会影响亲子关系,损害父母与孩子之间的信任与理解。

因此,我建议父母采取另一种方式来改善亲子关系:通过行动促进孩子发展,通过言语向孩子传递爱和支持。

我常常建议父母做一个练习,以此帮助他们更清楚地看到他们与孩子之间的关系和情感。我请每位家长拿一面镜子,看看自己对待孩子的表情,并仔细观察自己的表情。一般来说,父母看到的是混合了绝望、担忧、失望、愤怒和受挫的表情。此时我会说:"这就是孩子看到的表情,他们看不到你们本想向他们传递的骄傲与期待,他们只看到了消极的情绪。"

因此,在这一阶段,父母需要训练自己成为自己眼中理想的父母,并且不被孩子的行为或态度影响。

我请父母努力调整自己的表情,用一种更加积极和充满爱意的眼神去看待孩子,在孩子面前树立积极的形象。为此,父母需要停止批评、蔑视、控制,开始鼓励、分享,并向孩子寻求建议和帮助。

很多父母会对"停止批评"感到疑惑,因为父母认为孩子没有意识到问题的存在,假如不指出错误,孩子怎么会知道呢?其实,孩子对自己的表现有清晰的认识,但意识到这一点并不会促使他们改变,反而会使他们感到绝望。另外,父母也担心孩子会将"停止批评"理解为"冷漠"。事实并非如此。我的初衷并不是让父母忽视或远离孩子,而是用一种更愉快、更有效的沟通方式来取代批评。

父母可以试着和孩子一起做一些有趣的事,聊聊其他事,也可以与孩子聊聊任何远离"雷区"的话题,比如天气、读过的文章、一本新书或者趣闻轶事等。

父母还可以与孩子一起参加活动,比如看电视剧或听音乐。这样一来,孩子会感受到父母不仅仅是批评者或提供经济支持的人,而是跟他们一样的人。父母与孩子的每一次相处都应该成为共享的快乐时光,而不是争论的场合。

破坏亲子关系的原因

批评是导致父母与孩子之间缺乏沟通或沟通不良的主要原因之一。如果有人溺水了,他无须别人告诉他下水是错误的决定,或建议他去上游泳课,他需要的是一只救生圈。犯了错的人真正需要的是即使犯了错,仍然被告知他是有价值的且值得被爱的。

艾耶莱特·卡尔特是一位营养师,根据卡尔特的调查,小孩子通常很欣赏自己的身体,他们喜欢在镜子前看自己,但不会担心圆圆的肚子或双下巴。然而,随着逐渐长大,孩子不断受到来自外界对自己身材的评判,他们开始在意自己是否苗条。

很多女性告诉我,当她们回到父母家时,体重的变化是首先会被评价的。不需上秤称体重,父母只需用眼睛简单打量一番,就能得出"你是不是长胖了点儿"或者"你瘦了,恭喜你"这样的结论。

许多父母想让孩子免受社会对肥胖的负面评价,然而这种歧视往往始于家庭。父母本应为孩子提供一个安全、舒适的港湾,让他们觉得自己有价值并且被欣赏,但许多父母没有做到这一点。

接受孩子原本的样子有助于他们接纳自己,这对他们的心理健康至关重要。如果一个人感觉不到父母和家庭对他们的"接受",那么他们很难真正接纳自己。

除了批评,还有一些常见的行为会对亲子关系产生负面影响,例如蔑视、担忧、防御、控制和施压。

我们先从"蔑视"说起。与批评不同,蔑视是一种更具攻击力的表达方式,通常伴随着讽刺、嘲弄和冷漠。许多父母甚至没有意识到他们是在用这种方式伤害孩子。例如,当一个父亲对儿子说"这不就是你的问题吗"的时候,他并未意识到自己表达了贬低和不尊重儿子的意思。此外,大多数情况下,蔑视不只是通过伤人的话语传递,还会通过翻白眼或其他面部表情传递。

父母的蔑视不仅会伤害孩子的自尊心,还会让孩子感到被否定。比如现在很多年轻人抱怨房价高,事实也的确如此,而父母常常会回答:"房价有低的时候吗?买房对谁来说容易?"或者回答:"对我们来说买房也很难,当然了,我们可不会去咖啡厅和餐馆,也不会不停地旅游……你们这些孩子被宠坏了。"这些话也许都没错,但它们往往会让孩子感到自己不被理解,进而与父母逐渐疏远。

父母可以对孩子工作收入低或缺乏工作兴趣这类困难表示理解,并表达同理心:"确实,这令人沮丧。"但这种理解绝对不能转变为行动——给予孩子经济支持。父母的正确回应应该包括三个部分:同理心、对孩子能力的信任以及无条件的精神支持,例如"这件事很难,你能行,我支持你"。

下面再来谈谈"担忧"和"防御"。

曾经有人问一位母亲,她最喜欢哪个儿子。她的回答是:"最体弱多病的那个,直到他康复;离家最远的那个,直到他归来。"成年孩子的行为通常不受父母左右，因此父母会产生一种能让他们感觉自己仍对孩子有影响力的情感——担忧。这种情感似乎不可避免，因为从孩子出生那一刻起，父母不仅对他们心怀爱意，还会产生担忧和恐惧。然而，如果父母表现得过度担忧，会给孩子造成压力。

防御是父母试图通过为自己辩解来应对孩子的批评。父母不总是正确的，但有的父母非但不承认自己的错误，反而坚持认为自己根本没错，或把错误归咎于孩子，比如他们会说："你让我别无选择。"父母承认自己的错误并理解因此给孩子带来的烦恼，可以增强孩子的自尊心。

"担忧"和"防御"都是父母试图"控制"孩子的手段，父母通过这两种方式告诉孩子他们应该怎么做，甚至是逼迫孩子按照父母的要求来做。

在亲子关系中，还有一种有害行为是"施压"。心理学家帕德里夏·迪根将这样做的父母称为"绝望的救赎者"。迪根如此描述这类父母的心态：孩子越退缩，他们就越要前进；孩子意志力越是不足，他们就越有干劲；孩子越悲观，他们就越乐观。

亲子关系在本质上与一般人际关系没有什么不同。阿奇·尤塔姆在他的演讲中讲，亲子间应该相互合作、咨询、寻求帮助和给予鼓励。换句话说，在这种关系中，父母不应批评、蔑视、控制孩子，也不应采取防御的态度面对孩子的批评或向他们施压。

> **练　习**
>
> 请父母想一想那些你们愿意与之交谈或分享的人。这些人有什么共同点？你们之间的交流有什么特点？他们对你们所说的事有什么反应？他们做了什么？没做什么？最后再想一想：你们对待自己的孩子也像他们对待你们一样吗？

应该做的事：分享

父母对未成年的孩子负有责任，因此有权为孩子做决定。因此，本质上父母和孩子之间的关系是不平等的，让这种关系转变为健康的平等关系需要双向付出。父母应该考虑自己的需求，并让孩子了解发生在父母身上的事情，以此帮助孩子培养同理心——关心和体谅他人。

有些父母能够连续数小时听孩子讲述他们遇到的问题。有时，孩子在分享发生在他们身上的每个细节后会感觉好一些，但这种放松的感觉不会持续太久，这种单方面的分享也不会让亲子关系有太大的改善。

在一段良好的人际关系中，每个人都可以畅所欲言，大家互相给予支持。因此，我建议家长除了关心孩子的状况，也要让孩子关心你们的状况。在下次交谈时，告诉他们你们在做什么，分享你们的想法和感受。尤其是与孩子无关的想法和感受。可以和他们谈论你们的计划、疑虑和必须做出的决定。

家长还可以分享回忆和曾经犯的错误，孩子会很乐意听这些故事，这会让他们意识到父母也是普通人。通过分享，孩子还能感到父母信任和重视他们。同时，向孩子征求意见也是个好主意，因为只有当我们重视一个人并认为他有能力、智慧和创造力时，才会向他请教。这么做有助于增强孩子的自尊心。

合作和征求意见能让那些对任何事都不太感兴趣的孩子学会倾听其他人的声音，并唤起他们的热情和对他人的关心。

不同程度的鼓励

鼓励如同水和阳光，能够温暖心田，培育自尊心的幼苗。人们往往会远离那些批评或蔑视他们的人，同样也会主动靠近那些给予他们肯定、支持和鼓励的人。鼓励不仅能让孩子感到被重视，更能赋予他们面对挑战的勇气。

会鼓励孩子的父母身上具备以下几个显著特质。

认真倾听。真正的倾听是建立在好奇心之上的。倾听时要集中注意力，对话题感兴趣并试图理解对方的观点。它要求我们放下手机，全神贯注地投入。倾听不是为了寻找机会对对方进行评判，而是带着开放的心态去理解对方的话语与内心世界。只有真诚的倾听，才能为鼓励打下坚实的基础。

关注积极的方面。回避者往往很绝望，他们很难看到积极向上的一面。对他们来说，鼓励就如同沙漠中的一滴水。这种对积极方面的关注不仅能带给回避者希望，更能改变他们看待世界的角度。当一个人开始关注生活的积极面时，他的生活质量也会随之提升。

善于接纳。接纳意味着接受一个人的所有，包括他的长处和短处、优点和缺点；意味着试图改变对方，也不为对方感到遗憾。接纳孩子的现状可以避免给孩子和家长增添烦恼，因为任何想要改变对方的努力都承载着不安和愤怒。

保持乐观。乐观的人不仅会接受对方原本的样子，还相信每个人都有能力做出积极的改变。保持乐观与善于接纳是相辅相成的。乐观还能让一个人心胸开阔，努力超越困境，主动拥抱变化。

区分行动者和行动

行动者，是行动的人，是正确的、有价值的。行动是行动者做的事，它可能是错误的，或产生了令人不快的后果。如果他人只是评价我们的行动，而不是对我们整个人进行评判，那么我们就能更容易地接受反馈、改正错误。

在面对错误或失败时，就事论事是一种有效的办法，即仅针对具体行为提出改进意见，而不对行动者的品性进行全面否定。比如我们应该说："你能把这些毛巾收拾一下吗？"不应该说："你这个人乱七八糟的。"这种表达方式有助于缓解对方的心理防御状态，使其能够更好地接受建议。

托尔斯泰对此有深刻的见解：有一种极其常见、极其普遍的宿命论观点，认为每个人都有一成不变的本性，认为人有善良的，有凶恶的，有聪明的，有愚蠢的，有热情似火的……人好比河流，所有河里的水都一样，到处的水都一样，可是每一条河也是有的地方狭窄，有的地方湍急，有的地方平缓，有的地方清澈，有的地方浑浊，有的地方冰凉，有的地方温暖。人也是这样。每个人身上都具有各种各样本性的胚芽，有时表现为这一种本性，有时表现为那一种本性，有时变得面目全非，其实还是原来的那个人。

关注行动本身而不是行动者，这样不会把人框定在狭隘的定义中，从而避免给人造成不可挽回的负面心理影响。

第三阶段：正式宣布

父母无须对孩子的选择负责，但他们对自己在教育过程中实施的纵容、过度保护以及那些阻碍孩子发挥自主性并导致其无能和依赖他人的行为负有责任。第三阶段和第四阶段通常是最困难的，但也至关重要，因为它们是让孩子摆脱过度保护的关键。我建议，在父母感到与孩子的关系已出现积极变化后，再进入这两个阶段。如果父母在与有回避行为的孩子交流后，感受到的无助感和焦虑感已经减轻或消失，这通常意味着孩子的情况已经在向好的方向发展。

有一些父母，他们的孩子成年后依旧住在家中，却不承担任何费用。有些孩子在用自己的钱购买商品后，还拿收据向父母要钱。还有一些父母，他们不仅为孩子洗衣、做饭、支付车辆燃油费和手机费用，还额外给孩子零用钱。更有甚者，有些父母每周都会帮孩子打扫公寓，为那些完全有能力工作却选择不工作的孩子支付月薪。

这些父母之中，有一些甚至无法理解自己的做法对孩子有害，也没有意识到这些过度保护的行为与孩子表现欠佳之间的关联。他们中有些人认为这么做是父母的职责，另一些则声称自己乐意宠爱孩子。在这类情况下，父母的付出更多是为了满足自身的需求，他们需要通过孩子的依赖找到生活的意义。

有些父母对这种现状引发的问题视而不见，也从未想过要改变。我理解这些父母的困境，但如果这些父母想要继续为孩子提供帮助和经济支持，那么他们必须确保自己在年老体衰或不在人世后，也能继续为孩子提供同样程度的支持。

当然，也有许多父母已经意识到问题所在。他们明白，继续提供不必要的支持和服务只会延续目前的状态，孩子虽然活着，但无法改善现状或实现任何人生目标，他们只会培养出一个无法解决问题、缺乏力量的人。这些父母明白自己在无意中对孩子造成了伤害，并希望改变现状。

在这个阶段，我建议父母首先区分哪些行为对子女的成长有益，哪些行为无益甚至有害。有害的行为必须立即停止。

从现在开始

在第三阶段，父母需要与孩子进行一次坦诚而理性的谈话，宣布他们将实施某些影响双方关系的措施。在表达时，父母不需要对孩子说教，只需要清晰明了地说明将会做出哪些调整。这么做的目的是让孩子为即将到来的变化做好心理准备，同时让父母下定决心。

父母传递的信息必须简洁明了，比如："我们认真反思了自己的行为，并意识到许多做法不仅对你没有帮助，反而可能对你造成了伤害。我们需要改变现状，因为总有一天我们会离开，无法继续支持你。因此，从今天起，我们将不再……为了让你有足够的时间适应和调整，我们将在三个月内逐步减少这些支持，直至全面停止。"

此外，父母还应表示愿意为孩子提供必要的帮助："我们愿意寻找相关专业机构，帮助你培养解决问题的能力。对于那些能够帮你实现目标且经专业人士认可的计划，我们将给予资助和鼓励。我们始终支持你、关心你，并为你加油，但你的事情终究需要你自己去完成。"

在传递这些信息时，父母应特别强调自己的感受："想到多年来我们的付出使你变得过度依赖我们，我们感到非常难过和心痛。相信我们，我们无意抛弃你，也从未停止爱你，我们所做的每一个决定都是为了你能真正独立、健康成长。"

这一过程对于父母和孩子来说都不容易。有些孩子会愤怒、指责或威胁，而有些则会陷入恐慌。有时，这些情绪不会被当场表现出来，因为孩子当时认为和过去一样，父母这次也是虚张声势。他们知道父母不会履行诺言，因此没必要大惊小怪。

如果父母对这样做还有担忧，我建议父母想一想，如果自己无法继续帮助孩子，那么孩子将来会怎么样？如果孩子的幸福和生存完全依赖于父母，无法独立生存，这是你们想看到的吗？现在，有个合适的时机能激励孩子学会独立，趁父母还能做后盾的时候，为什么不做呢？父母不妨回忆一下自己曾经不得不克服的困难，当时你们认为自己能成功吗？你们最后成功了吗？人类的许多潜能只有在需要时才得以发挥，尤其是在别无选择的情况下。

有的父母也许会想要跳过向孩子正式宣布即将到来的变化这一阶段，直接从第二阶段进入第四阶段。他们认为宣布只会引发悲情场面和不必要的焦虑，从而影响改变的进程，他们只会以非正式的方式随口一提。

如果不正式宣布，孩子可能弄不明白事情的来龙去脉，导致他们对这件事缺乏重视。其次，父母需要对自己的宣言负责，不正式宣布可能会减弱执行的决心。做出改变是困难的，尤其是那些可能在短期内影响孩子生活或使之生活更加艰难的改变。有时，治疗意味着痛苦，但我们必须牢记，疾病终究会带来更多痛苦。

第四阶段：付诸实践

一旦正式宣布，下一个阶段便是付诸实践。父母将停止任何无法培养孩子独立性的非必要服务，不再充当子女的日程计划员、叫醒服务生、家政人员、厨师等角色。一旦到了规定的时间，他们将停掉或收回孩子的信用卡，并不再为他们支付费用。

过度插手孩子事务的父母往往有一个共同点：他们习惯于代替孩子解决问题。换句话说，他们会处理那些不属于他们自己的事情。给予通常是一种积极的行为，能带来幸福感和价值感，并增加给予者的归属感，让他们感到自己的重要性。如果给予是双向的，双方都能体验到给予的好处。但如果给予是单向的，比如父母纵容孩子，则会阻碍孩子培养独立解决问题的能力。在这种情况下，给予抑制了被给予者的成长。

孩子的问题是他们自己的问题，而非父母的问题。作为回避者的父母，应该学会让过度负责和过度保护的行为退出人生舞台。如果孩子抱怨某个困难，比如收到一张罚单或驾驶证有待更新，父母只需表达同情和对他们解决问题的能力的信任。

我建议所有父母审视一下自己，提醒自己哪种帮助和付出符合最初的教育理念。如果父母对孩子表现出真诚的同情和鼓励，在必要时为孩子提供及时且最低限度的帮助，渐渐地就会发现一些变化。

孩子需要学会独立面对生活中的挑战，而生活本身就是最好的老师。错误的行为会带来不如意的后果，这就是责任的意义——为自己的决定买单。父母永远无法替孩子承担他们的责任，只能通过逐步放手，帮助他们培养出对自己行为负责的意识和能力。需要注意的是，只要父母继续为孩子承担责任，孩子就不会自己承担责任，因为他们没有必要这么做。

在这一阶段，除了停止服务和资助，父母还需要学会换一种方式回应孩子的请求。

先说"不"，然后继续生活

大多数过度保护孩子的父母都会无意识地答应孩子的任何请求。因此，在第四阶段，面对孩子的请求时，父母最好评估一下这个请求是否合理，以及完成这个请求是否意味着父母又在过度保护孩子。

如果孩子向父母施压，表示"你必须现在回答我""我马上就要一个答复"或"你有什么好考虑的"，父母就可以回答："如果我现在必须回答你，那么答案是'不'！"这种短暂的停顿，哪怕只有几分钟，也能帮助父母更平和地看待问题，理性评估自己的行为，并在必要时寻求其他家庭成员、朋友或专业人士的帮助。父母需要记住，有时候拒绝比答应更有效。

对于纵容孩子的父母来说，即使孩子已经长大成人，他们也很难拒绝孩子的请求。因此，他们不会直截了当地说"不"，而是采用一些托词，比如"对不起，这次或许不行"或"这让我为难"。此外，这些父母还担心自己的拒绝会伤害孩子，他们为了不让孩子感到失望、愤怒或产生抵触情绪，有时会放弃自己的价值观。

当父母不愿接受孩子的请求时，可以使用这些回应方式："我不想这样做""我理解你的请求，但我做不到""这件事行不通""我不愿意""这件事违背了我的想法""这件事违背了我的价值观""我不能帮你，但我相信你能找到解决办法""很抱歉，但是不行"。

在孩子表达失望、生气、指责或焦虑时，父母可以共情地说："我理解这对你来说很难。"如果孩子一味表达他的不愉快，父母可以打断他，并说："等你冷静下来，我很愿意继续和你聊聊。"父母还可以简单地解释一下拒绝孩子的理由，以及自己的原则和停止过度保护的宗旨。

我想问问那些担心因拒绝孩子的请求而破坏亲子关系的父母：你们是否希望一生受到无止境的勒索？你们认为停止过度保护，孩子就不会与你们联系了吗？你们认为孩子是否尊敬和认可你们，哪怕只是为了遵从孝敬父母的道德准则？请记住：过度保护孩子就是伤害孩子，而且总有一天，你们将无法再继续这种行为。

纵容孩子就像在一辆驶向悬崖的车上踩油门。我认识一些父母，他们为了满足孩子的要求而让家庭陷入经济困境，比如失去房子或积蓄，或者因此经历了一番沉痛的苦难。

如果父母希望设定界限并在必要时说"不"，那么请严格遵守自己制定的规则，并认识到之前一直答应孩子的请求是错误的。同时，请父母做好为说"不"付出代价的准备。如果家长与孩子的关系建立在爱的基础上，那么孩子的愤怒甚至疏远都只是暂时的，时间会帮助孩子成长。

案例描述

一对七十多岁的夫妇与他们37岁的双胞胎女儿同住。女儿们对父母实施了一种可怕的管制，不仅要求父母为她们提供各种服务，支付她们的开销，还要求父母必须服从她们的各种限制，比如晚上九点后不能离开卧室。

在丈夫经历了一次轻微的心脏病发作后，夫妇俩决心改变这种现状。

极端情况需要极端方案来解决，因此我建议他们租一间小公寓自住，同时将自己的房子租出去，并给双胞胎女儿一段准备的时间。之后，他们给了女儿们一笔足够维持两个月生活的费用，并将房子租了出去。

两个女儿的反应起初是不相信，然后是困惑，最后是愤怒。父母无视她们的抱怨和威胁，于是她们明白父母这回真的决心改变，甚至必要时还会报警。父

> 母提议，每周固定时间在咖啡馆进行两小时的家庭会面，不管女儿们是否赴约，他们都会准时出席。
>
> 其中一个女儿与父母完全断绝了联系，另一个则保持电话联系，并在三个月后开始与父母在咖啡馆会面。一年后，断联了的女儿也与父母恢复了联系。她们都找到了工作并开始独立生活，其中一个还找到了伴侣。后来，这对夫妇回到了原来的房子，只不过这次只有他们两人。几年后，女儿们承认，这次分离是父母为她们做出的最正确的决定。

一个真实的故事

55岁的胡安娜和57岁的哈维尔向我咨询关于他们30岁的长子乌戈的问题。据他们描述，乌戈是一个聪明而有才华的年轻人，在21岁之前表现优异，直到服完兵役。

乌戈几乎不用努力就能在学业上出类拔萃。尽管频繁缺课，在面对老师的训斥时，他总能凭借个人魅力和耍花招来化解问题。他做错什么都能得到原谅，深受老师们喜爱。他身边总是围着很多朋友，在学校是个出色的领导者。他曾在一支精英部队服役，并学习如何成为一名军官。

然而，乌戈未能通过军官资格考核。从那时起，乌戈开始回避，他把自己关在家里。起初，他以心理问题为由获准休假。父母和军队的心理医生都认为这是正常的受挫反应，并希望他可以慢慢克服这个问题。但时间长了，乌戈终因心理评估未达标而被军方除名。

在接下来的十年中，乌戈先后获得了两个学士学位，但一直没有稳定的工作。他还消极对待求职机会，常以"这不是我想要的"为由拒绝面试或引荐。就算他终于找到一份工作，没过几周就会辞职或想方设法让自己被解雇。26岁起，他就搬进了自家的一套闲置公寓，多年来没有人要求他支付房租，水电费和汽车方面的费用都由他的父母承担。

乌戈的女友有工作，并负责维持他俩的其他生活开支。乌戈的父母前来咨询的时候，她刚向乌戈发出最后通牒：要么结婚，要么分手。乌戈的回答是他爱她，但他还没有准备好结婚。乌戈的话给了她一线希望，就好像这不过是个时间问题。实际上，这个回答的意思就是他不想结婚，也不想分手。

乌戈每天都会给母亲打电话，每次都会诉说自己多么难受，生活有多么艰难，世界有多么混乱，社会有多么不公平。相反，母亲总是试着向他指出积极的方面，告诉他每个人都会面临问题，并鼓励他像其他人一样直面问题。每次通话后，母亲都会感到沮丧和疲惫。乌戈曾多次尝试接受治疗，但每次都会中途放弃，他认为心理医生什么都不懂。

父母对儿子时而怜悯，时而失望。乌戈的弟妹也会抱怨父母偏爱长子，让他们的利益受损。因为其他孩子也希望能在自家的公寓里住一段时间，这样可以省下一笔不小的开支。

因此，乌戈的父母找到我，希望做出改变。通过与他们的交谈，我发现这对夫妻的理想状态并不是无限制地抚养成年的孩子，也不认为自己应该承担孩子的日常开销。他们很重视家庭聚餐的氛围，认为聚餐应该充满欢乐和尊重。他们还注意到，其他孩子不愿意参加家庭聚餐，很大程度上与乌戈有关。

之后，我帮助这对夫妻回顾了与乌戈相处时的不同事例，并制定了不同的应对方式。

比如，在日常电话交谈中，胡安娜开始向乌戈讲述她身边发生的事，而哈维尔则多次在电话中向乌戈征求工作方面的建议。也就是说，他们开始训练乌戈倾听和合作的能力。当乌戈说他感觉很糟糕时，他们只会简短地回答："真遗憾，我们希望你能感觉好些。"他们表达了同理心，但不会帮乌戈解决问题。当乌戈抱怨时，他们会说："我们为你感到难过。"当乌戈的话充满讽刺或攻击性时，他们会坚定而友善地说："我们不喜欢听这些话，这番话很伤人。如果你能以尊重的口吻与我们交谈，我们会乐意继续跟你聊聊。"同时，他们之中如果有一方不小心回到之前的状态，再次着手解决乌戈的问题时，另一方要提醒并制止。最终，这对父母将改变沟通方式的计划坚持了下来。

之后，乌戈注意到了这些变化，并开始攻击他们："这次是哪个神奇的治疗师给你们提供的建议？"他们回答："我们发现在教育你的过程中犯了很多错，因此寻求了帮助。我们希望与你好好沟通，并按照我们自己的价值观行事。"此外，他们还邀请乌戈与我见一面，让他表达自己的观点。但乌戈没有兴趣认识我，因此他们也没有坚持。

治疗进行到第三阶段，这对夫妇向乌戈宣布不再承担他的水电费和汽车方面的费用，并限制他在公寓的居住时间。这一阶段进展平稳，因为乌戈不相信他们会兑现所说的话。之后，他们把发票和账单直接交到乌戈手中。当乌戈问他们自己要如何支付这些账单时，他们说："一般来说，人们通过工作赚钱，但如果你觉得自己无法工作，就应该请社会福利部门对你做一个评估。"同时，他们继续每天与乌戈通电话，讲述日常见闻并表达同理心，但不再被"帮帮忙"或"就这一次"这类请求牵着鼻子走。

于是，乌戈暴跳如雷，极具攻击性。他威胁要来找我这个"神奇的治疗师"，告诉我他父母的真实面目和对他所做的事。乌戈来到我的诊所时情绪非常激动。很明显，他是一个出色的小伙子，但是非常绝望。

我问他是否愿意听听我怎么看待他的情况，他同意了。因此我向他解释了他内心不切实际的期望，以及他的问题在于希望毫不费力地取得超凡的成功。这种期待通常会导致回避行为，其目的是避免被羞辱。我告诉他，我承认他很优秀，并且由于他在学业上表现出色，我建议他最好能将治疗或其他任务视为学习的过程。

这次治疗让他感到不舒服。"必须像其他普通人那样付出努力，才有可能成功"这种话让他觉得刺耳。之后，乌戈的父母又接受了几次治疗，学会了坚定实施那些与以往不同的行动的方法。从很多方面来说，乌戈和他父母的生活确实发生了变化。他们之间的沟通有所改善，并开始享受相处的时光。现在，乌戈已经开始攻读博士学位，学费是他从一个学术岗位赚来的。即便父母没有能够让他搬出那套公寓，至少说服他支付了少量房租，并将这笔钱转到其他孩子的账户上。

第三章总结

当回避行为成为成年人的生存策略时，父母往往会对他们心生怜悯，并承担起本应由他们自己承担的任务和责任。回避者的父母大多对他们采取了批评的态度，但又会向他们提供不必要的服务和资助。本章内容针对成年回避者的父母提出了一个指导模型，旨在帮助他们依照自身的价值观和愿景行事，培养孩子的独立性和责任感。

在实施这个模型的第一阶段，父母需要停下来思考自己希望成为怎样的人。他们需要通过内省来制定世界观和价值观的框架。

在第二阶段，我建议父母改善与孩子之间的沟通，这是一个漫长的过程。要想启动这一阶段，父母必须放弃控制孩子和试图代替他们生活的幻想。父母需要对孩子表现出兴趣，但不能纵容或过度保护他们。父母应该专注于积极、有用的方面，并接受和欣赏孩子原本的样子。在这一阶段，父母不能再用有害的沟通模式（如批评、蔑视、控制、固执或施压）与孩子沟通，而应采用积极的沟通模式，如接纳、感激、信任和鼓励等。

第三阶段是宣布阶段，这个阶段虽然很简短，但需要父母鼓足勇气。父母将向孩子宣布他们打算做什么和不再做什么，他们将提供什么以及不再提供什么。

最后一个阶段是将决定的内容付诸实践。在这一阶段中，父母将不再提供任何无法培养孩子独立性的服务和资助。从此刻起，他们不再把孩子的义务视为自己的任务，并拒绝满足不符合自身愿景的请求。

致 谢

对我来说，撰写这本书意味着完成了一个梦想。能够将我从伟大学者那里学到的知识传递给他人是一种荣幸，也是难得的。阿尔弗雷德·阿德勒和鲁道夫·德雷克斯这两位学者即便已经离世，却依旧深深地影响着许多人的生活。

我要特别感谢我的老师和人生导师齐维特·艾布拉姆森博士，她具备丰富的知识和经验，能以独特的方式观察他人习以为常的事物。同时，我要感谢她仔细审读了本书，并给我重要的意见和建议。

我非常感谢舒拉·莫丹给予我的机会、鼓励和密切关注。

对于这本书的编辑尤瓦尔·吉拉德，我感激不尽。他有敏锐的眼光和智慧的头脑，帮助我完善了这本书。与他合作是一段美好、充实且愉快的经历，他激发了我撰写更多作品的愿望。

我还要感谢阿德勒职业心理学校的所有老师，我是通过他们才接触到阿德勒的哲学，这对我来说是一次人生的转变。他们是：亚伯拉罕·弗里德博士（已故）、塔尔玛·巴尔—阿布、亚法·维尔德（已故）、达尼埃拉·耶舒伦，以及瑞秋·希夫隆博士。

我要感谢那些勇敢的咨询者，他们从未放弃过对更好生活的期望。我还要感谢我的学生，他们沿着阿德勒的道路继续前行，为这个世界的美好奉献自己的力量。在此，特别感谢加利特·纳胡姆·卢米。

我要感谢我的朋友，他们陪伴着我，为我提供意见和建议，他们是：罗尼特·阿米特博士、莉娅·纳奥尔博士、哈吉特·豪泽、米娅·莱维特·弗兰克博士、阿里埃拉·莱维纳、伊利特·达奈、海亚·贡达（已故）、达莉亚·克里斯托夫、阿纳特·加拜，以及吉西·萨里格教授。特别感谢我亲爱的姐妹齐维娅·阿哈罗尼。

感谢西班牙语译者赫拉尔多·莱文。

特别感谢我的编辑贡萨洛·埃尔特斯奇，他从一开始就看好这本书，并以尽可能愉快和有效的方式推进出版。

感谢阿里亚娜·鲁伊斯·德·阿波达卡对这本书做出的精准的修改，以及企鹅兰登书屋团队的所有成员。

感谢我的朋友和导师克里斯蒂安·奥罗斯科·菲格罗亚和

戈哈尔·奥罗斯科·阿索伊安，他们帮助我宣传这本书，扩大了这本书的影响力。

非常感谢伊莎贝尔·奎斯塔和丹尼·佩雷兹，她们帮助我实现了出版这本书的梦想。

感谢我的父母，阿玛莉亚女士和劳尔·罗森塔尔博士，他们鼓励我要对学习充满热情。

感谢我心爱的孩子们，诺阿、利莫尔和奥菲尔，以及我的孙女们，莉亚和埃莉，他们给我带来了无尽的快乐和骄傲。

最后，感谢我的丈夫奥梅尔，感谢他给予的爱、关心和支持，让我自由创作，并在美好的人生旅途中与我相伴。